碳达峰碳中和案例选

国家发展和改革委员会资源节约和环境保护司
全国干部培训教材编审指导委员会办公室 组织编写

党建读物出版社

碳达峰碳中和工作取得积极成效

2020 年 9 月 22 日，习近平总书记在第 75 届联合国大会一般性辩论上作出我国将力争于 2030 年前实现碳达峰、努力争取 2060 年前实现碳中和的重大宣示。三年多来，各地区、各部门坚持以习近平新时代中国特色社会主义思想为指导，深入贯彻习近平经济思想和习近平生态文明思想，认真落实习近平总书记关于碳达峰碳中和重要指示批示精神，强化系统观念、加强统筹协调、狠抓工作落实，协同推进降碳、减污、扩绿、增长，“双碳”工作取得积极进展和良好成效。

一、构建完成碳达峰碳中和“1+N”政策体系。以习近平同志为核心的党中央将碳达峰碳中和纳入生态文明建设整体布局和经济社会发展全局，对“双碳”工作作出总体部署。党中央、国务院印发《关于完整准确全面贯彻新发展理念做好碳达峰碳中和工作的意见》，国务院发布《2030 年前碳达峰行动方案》，各有关部门出台能源、工业、城乡建设、交通运输、农业农村等重点领域重点行业实施方案，以及科技支撑、财政支持、统计核算、标准计量、绿色消费、国民教育等支撑保障方案，31 个省（区、市）制定本地区碳达峰实施方案，“双碳”政策体系构建完成并持续完善落实。

二、能源绿色低碳转型稳步推进。坚持先立后破、通盘谋划，着力推进煤炭清洁高效利用，“十四五”前三年开展煤电机组节能降碳改造、灵活性改造、供热改造“三改联动”超7亿千瓦，加快淘汰老旧落后煤电机组，不再新建海外煤电项目。把促进新能源和清洁能源发展放在更加突出的位置，全国可再生能源装机规模突破15亿千瓦，历史性超过火电装机。推动构建煤、油、气、核及可再生能源多轮驱动的能源供应保障体系，能源安全保障根基进一步扎牢。

三、产业结构持续优化升级。深入推进供给侧结构性改革，“十四五”以来，累计退出钢铁落后产能1.5亿吨以上，完成钢铁全流程超低排放改造1.34亿吨。大力发展战略性新兴产业，2023年新能源汽车、锂离子电池、太阳能电池出口突破万亿大关，为全球200多个国家和地区提供了优质风电光伏装备。发布重点行业、重点用能设备能效标杆水平，引导节能降碳更新改造。严把新上项目碳排放关，修订发布《固定资产投资项目节能审查办法》，坚决遏制高耗能、高排放、低水平项目盲目上马。

四、重点领域绿色低碳发展成效显著。大力发展绿色建筑，新建绿色建筑面积占比由“十三五”末的77%提升至90%以上，节能建筑占城镇民用建筑面积比例超过64%。推进交通运输工具绿色转型，2023年我国新能源汽车产销分别完成958.7万辆和949.5万辆，同比分别增长35.8%和37.9%，产销量连续9年位居全球第一，保有量达到2041万辆，占全球一半以上，国内市场渗透率已超过30%。

五、生态系统碳汇能力稳步提升。优化主体功能区战略格局，完成生态保护红线划定。扎实推进重要区域生态系统保护和修复，狠抓长江经济带、黄河流域生态环境突出问题整改，高质量推进京津冀、长三角、粤港澳大湾区生态环境保护。科学开展大规模国土绿化行动，“十四五”以来完成国土绿化超2亿亩。我国森林覆盖率达24.02%，森林蓄积量194.93亿立方米，成为全球森林资源增长最多最快的国家。

六、绿色低碳政策体系更加完善。坚持节约优先方针，完善能源消耗总量和强度调控，夯实碳排放双控基础能力，高水平高质量开展节能工作，推动能耗双控逐步转向碳排放双控。持续优化财政资源配置，落实支持绿色低碳发展税费优惠政策。大力发展绿色金融，2023年本外币绿色贷款余额超30万亿元，同比增长36.5%。健全新能源价格形成机制，加快构建全国统一电力市场体系。稳步推进全国碳排放权交易市场建设，截至2023年底，累计成交配额4.42亿吨、成交金额249.19亿元。

七、“双碳”工作基础持续夯实。构建统一规范的碳排放统计核算体系，将碳排放统计核算正式纳入国家统计调查制度。加快推进“双碳”标准化工作，出台碳达峰碳中和标准计量体系实施方案及标准体系建设指南，实施“十四五”百项节能降碳标准提升行动。加强绿色低碳科技创新，强化“双碳”专业人才培养。

八、积极参与全球气候治理。秉持人类命运共同体理念，统筹对外合作与斗争，推动《联合国气候变化框架公约》缔约方会议达成《沙姆沙伊赫实施计划》，着力构建公平合理、合作共赢的全球环境治理体系。扎实推动绿色丝绸之路建设，深化应对气候变化南南合作，有力支持发展中国家能源绿色低碳发展，帮助提升应对气候变化能力。

下一步，各地区、各部门将深入学习贯彻习近平总书记关于碳达峰碳中和重要讲话和指示批示精神，认真贯彻落实党中央、国务院决策部署，坚持以我为主、保持战略定力，落实好碳达峰碳中和“1+N”政策体系，实施好“碳达峰十大行动”，优化实现“双碳”目标的路径和方式，把握好节奏和力度，持续推进生产方式和生活方式绿色低碳转型，确保如期实现碳达峰碳中和目标，加快推进人与自然和谐共生的现代化。

目 录

深入推进能源革命

推进节能降碳增效

推动产业优化升级

提升城乡建设绿色低碳发展质量

加快推进低碳交通运输体系建设

大力发展循环经济

巩固提升生态系统碳汇能力

加快绿色低碳科技创新

完善绿色低碳政策机制

积极引导全民低碳生活

深入推进能源革命

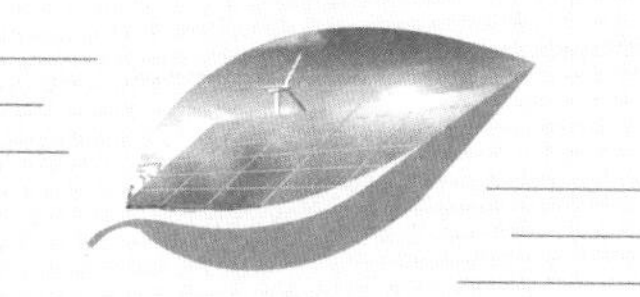

聚焦“三改联动” 践行绿色低碳发展

——山西兴能电厂节能降碳工作的探索实践

【引言】2022年1月27日，习近平总书记在山西考察调研时要求，统筹抓好煤炭清洁低碳发展、多元化利用、综合储运这篇大文章，加快绿色低碳技术攻关，持续推动产业结构优化升级。

【摘要】山西焦煤西山煤电公司兴能电厂（以下简称“兴能电厂”）作为国内最大的燃用洗中煤坑口电厂，深挖企业节能技改潜力，扎实推进煤电机组节能降碳改造；分类施策、一机一策推动灵活性改造；开展供热改造，通过建立多热网多级串联梯度加热供热系统替代分散燃煤小锅炉；探索碳资产管理，推动企业绿色低碳高质量发展。2022年碳排放强度同比下降2.32%。

【关键词】节能降碳改造　灵活性改造　供热改造

一、背景情况

富煤贫油少气是我国的基本国情，以煤为主的能源结构短期内难以根本改变。山西省是我国的煤炭大省，也是煤电大省，2022年煤电装机容量7106.7万千瓦、占全国的6.3%，发电量3229.2亿千瓦时、占全国的6.4%，外送电量占比近五成，为全国电力保供作出了突出贡献。在“双碳”背景下，煤电既要发挥电力安全兜底保障作用，又要以清洁高效利用为导向，从基础支撑性电源向基础支撑和灵活调节电源并重转变，承担“基荷保供、灵活调节、辅助备用”的多重角色。兴能电厂总装机容量为3120兆瓦，作为国内最大的燃用洗中煤坑口电厂，坚持把节能降碳工作摆在突出位置，大力实施煤电节能减排升级改造，不断强化碳资产管理，着力提高煤炭清洁高效利用效能，走出了一条煤电绿色低碳发展的新路子。

二、主要做法

（一）节能降碳改造夯实降碳基础

兴能电厂全面贯彻落实《山西省“十四五”节能减排实施方案》《山西省完善能源消费强度和总量管理工作方案》等工作部署，组建专业技术团队深入挖掘企业节能技改潜力，先后实施给水泵变频调速、先导式输灰、余热梯级利用、给水泵“电改汽”、节能电机更换等20余项节能降碳技改工程，2022年供电煤耗同比下降10.7克标准煤/千瓦时。在中国电力企业联合会组织的2022年度电力行业火电机组能效水平对标活动中，4台机组获得AAAA级及以上优胜称号。

“电改汽”改造后的水泵

（二）灵活性改造保障新能源消纳

兴能电厂全面执行《山西省能源局关于加快推进煤电机组灵活性改造的通知》《山西火电机组灵活性改造技术路线及验收规范》要求，根据“分类施策、分企施策、一厂一策、一机一策”原则，采用不同的技术路线对二期、三期机组进行改造。厂内 60 万千瓦级机组的调峰能力均由额定功率的 50% 提升至 60%，进一步提升了电源侧调峰能力，有效提高了消纳新能源的保障能力。2022 年响应电网调峰调度 655 次。

（三）供热改造助力全市散煤替代

兴能电厂是太原市集中供热的主要热源。为提升清洁供热水平，电厂通过多热网多级串联梯度加热的供热方式，供热期实施多机组平衡调度，实现了热量的梯级增加和乏汽的最大化利用，累计替代市区及周边分散燃煤小锅炉 300 余台，每年可节约标准煤 100 万吨、减少碳排放218万吨。2022—2023年采暖季，供热户数约64万户，供热面积8600万平方米，占太原市总供热面积的40%左右，创造了国内单个热源点供热面积最大的纪录。

（四）多措并举提高经济效益

兴能电厂灵活运用市场化机制，多方筹措资金推动“三改联动”。先后以建设—经营—转让（BOT）方式引进资金超过6亿元，自筹资金3亿多元，争取财政补贴2000余万元，切实解决了近10亿元“三改联动”项目的资金需求。电厂紧跟政策、用足激励，2022年实施灵活性改造后，积极在电力需求峰谷时段运用价差机制，获取电力现货市场和调峰补贴多重利好，年收益1800万元左右。同时，根据《山西省电力市场电费结算实施细则》，兴能电厂可长期按月享受灵活性改造补助，进一步提高了投资收益率，缩短了投资回报期。

（五）数字赋能提升碳数据管理效率

兴能电厂高度重视碳资产管理，成立了由董事长、总经理任组长的碳资产工作领导小组，形成了“横向到边、纵向到底”的碳资产组织管理体系。出台《碳资产管理办法》，修订完善碳检验数据基态转换、缩分样基础数据、月度生产数据核算、机组碳排放数据等碳资产管理台账，全面构建碳资产统计体系。为解决人工核算碳数据时效性不强、准确性不高等问题，兴能电厂主动接洽国内科研院校，与专业技术公司合作，建设了数字化智能化碳资产管理平台，一体实现数据监测、能耗分析、排放核算、资产管理等功能，保障了碳排放数据完整、可靠和准确。在全国碳市场第二个履约周期（2021—2022年），实现碳配额盈余305.1万吨。

三、经验启示

1. 技术改造是节能降碳的主要手段。我国现存大量老旧煤电机组，工艺相对落后、设备相对陈旧，节能降碳改造是经济可行的现实之举。通过分析各工艺环节运行效果和能耗水平，深挖节能潜力，有针对性地实施一系列重大节能降碳改造工程，可大幅提高能源利用效率，推动碳排放强度明显下降。

2. 数字赋能是节能降碳的重要支撑。企业节能降碳工作涉及面广、环节多，需要精细的数字化技术做支撑，发挥大数据倍增、蝶变的作用。建立数字化碳资产管理平台，及时采集、分析全厂能源数据，有助于实时掌握、调度生产各环节碳排放变化情况，实现智能决策，增强了企业整体运营效率和盈利能力。

3. 资金支持是节能降碳的基础保障。推进节能降碳改造需投入大量资金，煤电企业要实时掌握国家政策导向，灵活运用市场化机制，积极拓展资金筹措渠道，不断增强可持续发展能力。

【思考题】

1. 发电企业在满足节能降碳、电力及供热保供、电网深度调峰等多重目标任务要求下，如何确保安全生产，如何提高经营效益?

2. 如何健全能够体现煤电“兜底保障”和调峰价值的市场机制，促进新型电力系统建设?

打造以虚拟电厂为核心的网荷互动体系

——广东深圳市新型电力系统的探索与实践

【引言】2023年7月11日，习近平总书记在主持召开中央全面深化改革委员会第二次会议时强调，要深化电力体制改革，加快构建清洁低碳、安全充裕、经济高效、供需协同、灵活智能的新型电力系统，更好推动能源生产和消费革命，保障国家能源安全。

【摘要】深圳供电负荷密度大，波动性强，产业新增用能空间有限。为全面支撑电动汽车和新能源产业高质量发展，助力构建新型电力系统，深圳市按照能源互联网“网络＋平台＋服务”的发展模式，建成网地一体的虚拟电厂管理平台。制定了深圳市虚拟电厂落地、发展等系列政策文件，成立虚拟电厂管理机构，出台了电动汽车、分布式光伏与虚拟电厂结合等相关标准规范，推动虚拟电厂本地化精准响应，创新本地电网供需矛盾解决方式。培育虚拟电厂运营商和推动能源企业拓展核心设备生产制造，打造了以虚拟电厂为核心的网荷互动体系和产业生态。

【关键词】虚拟电厂　网荷互动　新型电力系统

一、背景情况

近年来，随着电动汽车为代表的新型负荷爆发式增长、光伏等强波动性新能源的广泛接入，能源生产和消费发生深刻变革，电网出现了峰谷差大、尖峰负荷时间短等特征，电力系统面临巨大挑战。虚拟电厂可以显著提高电力系统灵活性和调节能力，在新型电力系统建设中具有重要作用。《“十四五”现代能源体系规划》提出要加强电力需求侧响应能力建设，开展工业可调节负荷、楼宇空调负荷、大数据中心负荷、用户侧储能、新能源汽车与电网（V2G）能量互动等各类资源聚合的虚拟电厂示范。为全面支撑全社会能源结构高质量转型，提高电网接入承载能力和供需平衡，充分发挥本地负荷侧资源优势，有力保障能源安全，深圳建成了网地一体虚拟电厂管理平台，积极探索构建新型电力系统。

二、主要做法

（一）建立工作机制，持续优化政策支撑体系

一是制定虚拟电厂政策。2022 年 5 月以来，先后制定《深圳市虚拟电厂落地工作方案（2022—2025 年）》《深圳市虚拟电厂精准响应实施细则》《深圳市支持虚拟电厂加快发展的若干措施》等文件，形成“顶层规划 + 专项扶持 + 组织实施”工作体系，为虚拟电厂落地应用提

供了政策保障。

二是成立管理机构。组建从事虚拟电厂管理的第三方机构。2022年8月，由市政府设立的深圳虚拟电厂管理中心挂牌成立，独立负责虚拟电厂管理业务。具体包括开展用户注册、资源接入、调试管理、接收和执行调度指令、响应监测、效果评估等工作。

三是落实虚拟电厂新机制。落实《南方区域可调节负荷并网运行及辅助服务管理实施细则》，以引导、鼓励用户参与为目标，支持虚拟电厂通过提供一次调频、自动功率控制、调峰（填谷）等辅助服务方式获取合理收益，有力推动虚拟电厂参与辅助服务建设。

（二）强化创新引领，打造统一标准体系

一是强化联合技术攻关。依托国家能源集团“新型电力系统源网荷储友好互动”研发创新平台，发挥电网企业、主要运营商和关键设备商合力，重点研发虚拟电厂基础共性技术、配电网支撑技术，以及分布式光伏、零碳建筑、电动汽车等参与虚拟电厂互动解决方案，推动计量芯片、智能终端等关键设备国产化，为深圳虚拟电厂建设提供技术支撑。

二是建立健全标准规范。出台《电动汽车充换电设施有序充电和V2G双向能量互动技术规范》《分布式光伏接入虚拟电厂管理云平台技术规范》《虚拟电厂终端授信及安全加密技术规范》等三项地方标准，为各类终端智慧化改造、接入响应提供统一的参考指引。

三是建设运营管理平台。依托南方电网的虚拟电厂“灯塔”项目，建成网地一体虚拟电厂运营管理平台，打通与电网调度系统的接口，解决了海量互联网资源接入调度的安全防护难题，实现调度系统与用户侧可调节资源的双向通信，可满足调度对运营商下发96点计划曲线、

实时调节指令、在线实时监控等技术要求，为用户通过虚拟电厂参与市场交易和电网运行提供坚强保障。

（三）加强资源融合，丰富应用场景

一是扩大资源接入。积极推动5G基站和数据中心等信息通信基础设施，新能源汽车充换电场站，电动自行车换电柜，建筑楼宇、工业园区、储能系统等资源接入虚拟电厂。截至2023年9月，运营管理平台已接入运营商78家，接入容量规模超过210万千瓦（其中可调节负荷资源约170万千瓦，分布式光伏约40万千瓦），实时最大可调节负荷能力超38万千瓦，单次最大调节负荷7万千瓦，直接减少碳排放约207吨。

二是创新应用场景。积极推动虚拟电厂本地化精准响应，创新本地电网供需矛盾解决方式。例如，2023年7月25日，推动虚拟电厂管理中心组织特来电、小桔能源等10家运营商实现7万千瓦精准削峰，为虚拟电厂运营商企业一次性带来收益24.5万元。开展了虚拟电厂参与调频技术验证和跨省备用市场运行测试，最高响应容量可达5.4万千瓦，为虚拟电厂参与辅助服务市场提供了可行的样本。

三是强化虚拟电厂与智慧城市融合发展。以虚拟电厂为媒介，积极探索建立以各类分布式资源为主体的电力充储放一张网，实现各类资源与建筑信息模型平台、全市域时空信息平台的精准化对接，建立极端情况下分布式资源调度预演模型，助力打造能源安全韧性城市典型范例。

（四）培育龙头企业，打造虚拟电厂优势产业链

发挥电网企业能源生态链效应，聚合虚拟电厂产业链中的各类资源，提高南网电动、深圳铁塔、深圳能源等龙头企业的适应能力，逐步提升虚拟电厂运营管理平台服务能力，扩大可控负荷、分布式能源、

储能等资源接入规模，建立顺畅交易渠道，培育交易市场。推动华为、中兴通讯等信息通讯技术龙头企业布局虚拟电厂新赛道，支持奥特迅、科陆、科士达、比亚迪等企业拓展虚拟电厂核心设备生产制造，实现“设备 + 服务”“场景 + 技术”高效融合、叠加赋能，提升深圳新能源产业集群发展能级，助力构建数字能源先锋城市。

深圳虚拟电厂聚合商大型集中签约仪式

三、经验启示

1. 找准虚拟电厂在新型电力系统中的角色定位。虚拟电厂在构建新型电力系统中具有调节作用和聚合作用。要积极推动从“源随荷动”到“源荷互动”升级，深入挖掘电网海量资源的灵活调节潜力，最大程度提升可调资源的使用效率和全社会能效水平，积极探索“新型电源”低成本解决方案，推动各类用户从能源服务消费者转变为能源服务产消者，为低碳、安全、经济运行的城市电网提供可推广的经验，不断丰富和扩大新型电力系统的主要内涵和主体范围。

2. 充分发挥政府对虚拟电厂的主导作用。合理授权虚拟电厂管理中心，充分调动电网企业和产业链上下游企业的积极性，营造深圳全市广泛参与的虚拟电厂发展环境。通过虚拟电厂管理政策和地方标准的协同配合，强化深圳新能源汽车密度和充电桩密度全球领先的优势条件，先行示范打造车网互动新范例。推动党政机关、学校、医院等公共机构和国有企业建筑率先开展虚拟电厂响应试点建设。

3. 打造可落地、可持续、可推广的虚拟电厂商业模式。充分调动各类用户主体的主观能动性，以市场化的本地虚拟电厂精准效应补贴打造模式推广“第一桶金”。实现“跨区市场、省内市场、深圳市场”的叠加赋能和“需求响应市场、辅助服务市场、电能量市场”的相互补充。

【思考题】

1. 虚拟电厂的发展需要哪些政策支撑？市场方面还需要哪些方面的突破？

2. 虚拟电厂未来还能拓展接入哪些城市负荷场景？如何进一步提高虚拟电厂的接入负荷？

做强绿色能源　锻造产业发展新优势

——云南推动绿色电力和产业融合发展

【引言】2022年1月24日，习近平总书记在主持十九届中央政治局第三十六次集体学习时指出，要把促进新能源和清洁能源发展放在更加突出的位置，积极有序发展光能源、硅能源、氢能源、可再生能源。要推动能源技术与现代信息、新材料和先进制造技术深度融合，探索能源生产和消费新模式。

【摘要】云南立足省情大力发展绿色能源，统筹水电开发与生态保护，清退小水电，加快投产乌东德、白鹤滩、溪洛渡等水电站；优化布局开发风电光伏项目，建设特高压直流输电工程，做强绿色能源支柱产业。绿色能源装机（水电、风电及太阳能）占比、绿色能源发电量占比、非化石能源占一次能源消费比重均居于全国领先位置。依托绿色电力大力发展铝、硅等载能产业和新能源电池产业，建设绿色低碳制造业集群。制定绿色用电溯源省级标准，累计开具绿色用电溯源证明710张，助力企业提高产品绿色竞争力。

【关键词】绿色能源　绿色电力　产业融合发展

一、背景情况

云南能源资源禀赋足、发展潜力大，蕴藏了约全国 20% 的清洁能源资源，清洁电力可开发量超 2 亿千瓦，居全国第二位，丰富的水能、风能、太阳能等资源正吸引着世界的目光。然而，云南传统产业发展乏力，产业层次低、链条短，高质量发展动能不足，同时清洁能源开发率还有提升空间，绿电资源配置不尽合理，对产业绿色转型的支撑力不够充分。为此，云南积极响应中央碳达峰碳中和决策部署，立足绿色能源资源禀赋，抢抓产业转移和绿色能源与先进制造业融合发展的机遇，进一步扩大绿色能源开发力度，着力推动绿色能源和产业融合发展，向着清洁低碳、安全高效的现代能源体系迈进，在实现碳达峰碳中和目标进程中锻造产业发展新优势。

二、主要做法

（一）做强绿色能源，打造第一支柱产业

云南深入实施绿色能源强省战略，统筹水电开发和生态保护，推动省域内澜沧江、金沙江、怒江三大水电资源开发，全面清退小水电站 267 座，加快重大水电项目建设，乌东德、白鹤滩、溪洛渡等“大国重器”相继投产发电，金沙江、澜沧江两大水电基地基本建成，已投产水电站 21 座，切实提高流域水电质量和环境效益。大力发展新能源，优化布局开发风电、光伏项目。加强柔性交直流输电等关键技术

攻关，依托新一代数字化技术，全力建设送端大电网，建设滇西北至广东 ±800 千伏特高压直流输电工程等一批标志性重大电网工程，促进电源电网协同发展。

截至 2022 年底，云南绿色能源装机占比超过 86%，绿色发电量占比近 90%，非化石能源占一次能源消费比重超 47%，3 项指标全国领先。目前，绿色能源已跃升成为云南第一大支柱产业，以水电为主的清洁能源基地基本建成，电力供给能力和质量不断提升，“绿色能源牌”战略成效显著。

（二）依托资源优势，建设绿色低碳产业集群

云南依托资源环境禀赋较好的优势，持续深化绿色能源与先进制造业深度融合。按照国家产业发展战略布局，适度承接高水平、符合环保和能效标准的铝、硅产业，积极引进新能源电池产业。相继发布《云南省绿色铝产业发展三年行动（2022—2024 年）》《关于支持绿色铝产业发展的政策措施》《云南省光伏产业发展三年行动（2022—2024 年）》《关于支持光伏产业发展的政策措施》《云南省新能源电池产业发展三年行动计划》等支持政策，推动延链补链强链项目建设、核心技术研发、企业降本增效等行动，引进工艺装备优、能效水平高的产业项目，打造一批集原料生产和精深加工于一体的全产业链企业。云南全省引进电解铝项目设计产能超 800 万吨，约为全国总产能的 1/5。工业硅、单晶硅片建成产能均居全国第二位，2022 年光伏产业产值达 1073 亿元、新能源电池产值达 319 亿元。

（三）开展绿电溯源，提升产业竞争优势

组建了电网公司相对控股、多方参与的昆明电力交易中心，建立

海坝光伏电站

绿色能源消费认证机制，为供应链上下游企业提供可追溯、可信任、可共享的企业“绿色用电足迹”。2021 年 4 月 14 日，昆明电力交易中心为隆基绿能科技股份有限公司开具了全国首张“绿色用电溯源证明”，帮助其通过了国际百分百绿色用电倡议（RE100）认证。截至 2023 年 6 月底，云南累计为省内用电企业开具“绿色用电溯源证明”710 张，为企业产品成功通过国际碳足迹认证、增强市场竞争力、进一步促进绿色电力供应和消费提供了有力支撑。

三、经验启示

1. 融入全局扩大优势。云南主动融入服务国家“西电东送”和产业转移战略决策，充分发挥云南资源禀赋足的优势，先立后破，安全有序发展壮大绿色能源产业，持续巩固凸显能源作为第一支柱产业的地位，为高载能产业实现绿色转型打下了坚实的绿色能源基础。

2. 依托优势融合发展。云南深入贯彻落实绿色发展要求，立足绿色能源优势，推动实现传统高载能产业绿色转型，着力打造绿色铝、光伏、新能源电池等代表性制造业全产业链，推进绿色能源与产业深度融合，强力支撑“绿色铝谷”和“光伏之都”建设，锻造产业发展新优势。

3. 强化支撑积极探索。云南高度重视、积极破题、主动作为，创新实行电力交易用户绿色用电溯源机制，以可认证、可追溯的绿色电力帮助企业降低产品碳足迹，有效应对绿色贸易壁垒，切实增强产品绿色竞争力。

【思考题】

1. 绿色用电溯源实践对于在碳达峰碳中和背景下锻造产业竞争新优势有何作用?

2. 如何推动电价体现可再生能源绿色低碳价值?

创新绿色供电实践　助力实现“双碳”目标

——青海连续六年开展绿电实践活动

【引言】2021年6月9日，习近平总书记在青海考察时强调，青海要立足高原特有资源禀赋，积极培育新兴产业，加快建设世界级盐湖产业基地，打造国家清洁能源产业高地、国际生态旅游目的地、绿色有机农畜产品输出地。

【摘要】随着青海两个千万千瓦级可再生能源基地的全面建设，新能源消纳压力逐年加大。青海依托特殊的资源、区位优势，通过健全供电组织体系，创新应用前沿技术，建立新能源高效消纳利用市场机制，积极开展省间余缺互济交易，连续六年成功开展时段性100%绿电供应实践活动，持续时段由7天延长至5周，在建设新型电力系统方面展现了青海特色。

【关键词】清洁能源　电力转型　绿电

一、背景情况

发展清洁能源特别是可再生能源促进能源绿色低碳转型，已成为全世界共识。随着“沙戈荒”风光大基地项目加快建设，我国已成为全球新能源装机规模最大、发展速度最快的国家。如何在新能源大发展的机遇期，实现大规模高比例新能源消纳，解决好新能源带来的“经济—安全—环境”矛盾三角形问题，已成为实现“双碳”目标的关键。青海是我国清洁能源资源禀赋最好的地区之一，“十三五”以来青海新能源装机年均增速32%，截至2022年底，青海清洁能源和新能源装机占比分别达到91.2%和63%，全年新能源发电量占比达到41.5%，绿电占比持续提升。如何利用好地区资源禀赋优势，加快突破智能电网、清洁能源领域关键技术，提升大电网平衡调节与资源优化配置能力，推进清洁能源大规模高比例并网消纳，对于构建新型电力系统、实现电力深度脱碳具有重要示范意义。

二、主要做法

（一）建立全清洁能源供电组织体系

一是建立政企联动协调保障机制。青海省能源局与省电力公司密切协作，加强与西北能监局、黄河水利委员会和发电企业的沟通协调，成立全清洁能源供电领导小组，加强统一指挥协调，为实施全清洁能源供电提供了组织保障，确保各单位、各企业高效协同。

二是凝聚清洁能源发展合力。出台《关于调整清洁取暖峰谷分时电价政策等有关事项的通知》《青海电力辅助服务市场运营规则》等一揽子政策措施，深入挖掘用电市场，建立共享储能双边市场化交易机制，利用经济手段激活空闲产能和引导负荷错峰，促进全清洁能源供电的有序开展。

三是完善电力系统运行保障机制。建立电力交易和水库运用计划调整机制，积极签订全清洁能源供电期间的购电框架，明确监控责任和交易原则，提高交易效率。加强重要厂站设备巡视，开展联合反事故演练，建立事故处理协同配合机制。

（二）迭代应用适应新型电力系统发展的新技术

一是先行先试新能源消纳前沿技术。深化应用多能互补协调控制技术，建成新一代调度技术支持系统，实现了对新能源预测、计划、控制等产消全过程的分析、监控，新能源预测精度提升 2.1 个百分点，送出通道利用率提升 1.5 个百分点。集中力量开展风沙干旱极端环境下的电气物理特性、规模化新能源汇集送出协同等技术攻关，进一步支撑能源基地开发建设和外送消纳。

二是拓展应用数字化、市场化新技术。建设零碳园区碳排放监测分析平台和绿电溯源认证平台，构建全省规上企业专属电—碳模型，为企业节能减排提供测碳服务，青海 114 家规上企业节约一次性投资超过 1.5 亿元。

三是积极推动全链条人工智能系统开发应用。研发新能源电力系统协同自律调控平台，建设网源之间的集中管控系统、面向全产业链的多元服务系统，促进可再生能源的高效开发利用。

（三）探索建立新能源高效消纳利用的市场机制

一是持续完善供给侧和需求侧响应机制。建立火电调峰补偿机制，组织在运火电机组参与深度调峰，推动火电调峰手段逐渐由计划方式

青海海南州大型风力发电基地

向市场化方式转变。探索铁合金峰平谷分时电价调整机制，促进铁合金、碳化硅、水泥等园区重点企业优化用能习惯。

二是不断引导绿电市场规模有序扩大。引导新投产新能源发电项目积极参与绿电交易，将所有参与市场交易的电力用户纳入交易市场，积极与其他省份开展省间余缺互济交易，优化省内清洁能源交易模式，以市场机制引导发用两侧协同互动，进一步提升清洁能源发电利用率。

三是不断优化用能方式低碳转型。拓展电能替代的广度和深度，以“民生改善”为重点，建立“青绿之约”绿色电力交易机制，创新实施三江源蓄热式电锅炉与新能源弃电交易方案，落实峰谷分时电价政策。探索“新能源 + 清洁取暖 + 需求响应”组合技术，形成社会和用户主动参与、友好互动的清洁电力替代新模式。投运侧位式换电站，引领西北电动重卡应用，在西宁、海东和黄南州投运 7 座公交充电站，投运充电桩 3400 余个，服务 4600 余辆电动汽车低碳运行，同步启动 30 余座充电站的改扩建工程，做到绿电服务民生、贴近百姓。

2017 年 6 月 17 日至 24 日，青海实现“绿电 7 日”连续 7 天全省全清洁能源供电，开创了国内全清洁能源供电先河，为我国推进能源绿色低碳发展迈出了重要一步。此后，经过不断实践、总结、积累，2018 年实现“绿电 9 日”、2019 年实现“绿电 15 日”、2020 年开展“绿电三江源”百日系列活动、2021 年 7 月开展“绿电 7 月在青海”系列活动、2022 年 6—7 月开展“绿电 5 周”系列活动。

三、经验启示

1. 必须注重系统谋划。青海坚持系统性思维，综合协调政府、电网及电源企业共同发力，全面统筹保障性与市场性、整体与局部、短期与长期目标，开展了差异化施策、多元化消纳和科学评价创新实践。以“全局思维”制定科学的新能源规模布局和合理的建设投产时序，有效化解了新能源规模化发展和暂时性消纳能力不足导致的“量率”矛盾。

2. 必须坚持技术创新。青海在保证电网安全稳定运行的基础上始终以新能源最大化消纳为目标，突破创新诸如多能互补协调调控、源网荷储互动、新能源概率预测、碳排放监测等电力系统先进技术，解决了新能源并网—运行—消纳过程中存在的技术痛点，提升了大电网安全控制能力和可再生能源开发利用水平。

3. 必须发挥市场作用。全社会绿色低碳转型，是一种新理念、新风尚，实现过程中要发挥各种市场化机制的作用。要坚持让“市场之手”在能源改革中发挥更加重要的作用，探索建立“新能源 + 清洁取暖 + 需求侧响应 + 绿电交易”一揽子市场化组合机制，打造高品质、多种类的能源市场品牌，在发挥绿电价值的同时，推动用能方式低碳转型，并进一步促进相关产业发展。

【思考题】

1. 如何通过统筹新能源消纳与电网安全、建立科学差异化的评价指标，来指导新能源可持续发展?

2. 深入开展绿电活动的思路和模式主要有哪些?

探索新能源高质量跃升发展之路

——宁夏高水平推进国家新能源综合示范区建设经验

【引言】2022年1月24日，习近平总书记在主持十九届中央政治局第三十六次集体学习时指出，要加大力度规划建设以大型风光电基地为基础、以其周边清洁高效先进节能的煤电为支撑、以稳定安全可靠的特高压输变电线路为载体的新能源供给消纳体系。

【摘要】实现碳达峰碳中和，能源绿色低碳转型是关键。作为国家新能源综合示范区，宁夏大力探索能源转型发展新路子，以建设国家大型风电光伏基地为引领、以构建新能源高效消纳体系为目标、以新能源产业提质升级为方向，多措并举加快建设清洁能源“大基地”、建强清洁电力“大系统”、发展清洁能源“大产业”，新能源发展规模持续扩大，利用效率保持高位，业态模式多元发展，储能规模不断扩大，国家新能源综合示范区建设取得重大阶段性成果，为国家构建新型能源体系贡献了宁夏力量。

【关键词】大型风电光伏基地　新能源消纳　国家新能源综合示范区

一、背景情况

近年来，国家大力发展新能源，高比例新能源使用对电力系统稳定性提出了更高要求，新能源产业技术和装备不断迭代升级。宁夏具有能源资源综合优势、较好的能源产业基础和新能源开发利用潜力，但电力系统灵活调节和存储能力亟待提高，新能源电力消纳压力仍然较大，新能源装备及配套产业规模小，产业链延伸不足。宁夏认真贯彻落实碳达峰碳中和重大国家战略，抢抓历史机遇，组织实施好国家发展改革委、国家能源局《关于支持宁夏能源转型发展的实施方案》，将发展新能源作为调整能源结构、推动能源转型的主攻方向，聚焦新能源发展难点痛点堵点问题，打好规划引领、政策驱动、省间合作组合拳，国家新能源综合示范区建设取得重大阶段性成果。

二、主要做法

（一）以建设国家大型风电光伏基地为引领，推动新能源大规模开发

宁夏光伏年平均利用小时数1500小时、风电年平均利用小时数2000小时，在国家新能源资源版图上占有重要位置。宁夏抢抓国家大型风电光伏基地建设机遇，建立工作专项督导机制，现场看进展、当面听问题、共同研对策、逐个提目标，强化各级各单位责任意识，第一批300万千瓦项目建成并网290万千瓦，第二批400万千瓦项目全部核准开工，任务完成率居全国前列。积极探索光伏防沙治沙模式，打造“板上发电、板间种植、板下修复”样板工程。截至2023年6月底，宁夏

新能源装机规模达到 3451 万千瓦，是全国单位国土面积新能源开发强度最大、人均装机最高的省区；新能源占电力总装机比重突破 50%。

宁夏建成的国家第一批 300 万千瓦光伏基地项目现场

（二）以构建新能源高效消纳体系为目标，统筹电力外送和本地利用

一是强化电力外送。提高既有通道利用率，加强沟通合作，及时签订送售电协议，不断优化交易方式，构建送受两端利益共享机制，最大化提高通道利用率。银东（宁夏至山东）、灵绍（宁夏至浙江）两条跨区跨省外送通道 2022 年利用小时数分别达到 7200 小时、6880 小时，利用率分别达到 82%、79%，位居全国前列，累计外送电量突破 6000 亿千瓦时，年送电量超过 945 亿千瓦时。谋划建设新通道，将宁湘两省区合力推动的"宁湘直流"特高压直流输电工程纳入国家规划，于 2023 年 5 月获得核准批复，建成后可为湖南提供大量绿色电力，实现宁夏新能源更大范围优化配置。

二是提高新能源利用水平。建立新能源保障性、市场化等并网消纳多元保障机制，出台新能源发电优先上网的电力调度运行机制、促进新能源消纳的辅助服务市场机制及鼓励新能源参与市场的绿电交易、新火打捆、合同置换、自备电厂电能替代等10余项制度，激励用户主动削峰填谷，促进新能源电力消纳。大力发展新型储能，结合源、网、荷不同需求推动储能多元化发展。2022年，宁夏新能源利用率达到98%，稳居西北前列；非水电可再生能源电力消纳比重为28.9%，居全国前列。

（三）以提质升级为方向，打造新能源产业集群

一是强化政策保障，优化营商环境。加强产业发展顶层设计和整体统筹，出台了资金、税收、土地、技术、招商引资等数十项政策支持文件，为清洁能源产业发展优化了营商环境，激发清洁能源产业内生发展动力。参与举办“第五届中国—阿拉伯国家博览会”中阿能源合作高峰论坛和清洁能源新型材料展，与华润、上海电气等行业龙头企业签署战略合作协议、达成投资合作意向，全方位推动国内国际产业合作。

二是注重延链补链，吸引龙头企业落户宁夏。针对产业链供应链薄弱环节，先后落地了中环、隆基、润阳、东方希望、正泰等一批风光储制造业龙头企业，努力打造清洁能源产业集群。2022年，光伏产业链已具备120吉瓦单晶硅棒、32吉瓦晶硅切片、15吉瓦电池、18万吨多晶硅产能；风电产业链风机整机出货量563台、容量245万千瓦；储能产业链锂离子电池正、负极材料产能分别达到11.5万吨、13万吨，清洁能源产业产值同比增速近50%。

三、经验启示

1. 立足资源禀赋优势，找准新兴产业发展方向。充分考虑宁夏丰

富的风光资源禀赋，统筹区内区外两个市场，拓展新能源发展空间。发挥自治区工业产业基础优势，集中资源要素、集聚发展动能，跳出化工、冶金等传统产业的路径依赖，紧扣战略性新兴产业发展方向，找到符合自身的产业赛道，抢抓新能源产业布局调整期和扩产风口期，科学确定产业发展方向，将新能源制造业作为自治区重点产业加以推进。

2. 充分发挥政策推动作用，合理建立项目包抓机制。高度重视政策引领，出台清洁能源产业、新材料产业高质量发展方案，制定配套用地、用水、科研、人才、金融等政策，严督政策落实情况，保持政策的连续性、稳定性、有效性。建立清洁能源产业高质量发展包抓机制，由省级领导直接牵头负责，采取“一竿子插到底”的方式推动项目落实。按照既定发展方向和工作目标，严格责任落实，统筹协调和指导监督，建立工作推进情况月度报送机制，确保项目顺利推进。

3. 着力释放协同发展效应，深度探索省间合作模式。以“宁电入湘”工程为契机，统筹宁夏新能源资源优势、湖南装备制造业优势，深化宁夏和湖南的合作关系，推进“一线一园一基地”建设。创新中西部省区合作模式，除常规的省间电力合作外，吸引湖南装备制造企业落地宁夏，带动宁夏新能源上下游制造产业发展。

【思考题】

1. 如何充分利用区域资源优势，破解新能源消纳难题?

2. 如何通过新能源产业提质升级，实现区域低碳产业聚集发展?

3. 如何进一步完善新型储能容量电价成本核定、疏导回收等政策，吸引各类主体参与新型储能项目建设，促进储能产业加快发展?

抢抓新能源发展机遇　不断优化能源结构

——新疆加快推进新能源高质量发展的实践经验

【引言】2023 年 8 月 26 日，习近平总书记在听取新疆维吾尔自治区党委和政府、新疆生产建设兵团工作汇报时强调，要立足资源禀赋、区位优势和产业基础，大力推进科技创新，培育壮大特色优势产业，积极发展新兴产业，加快构建体现新疆特色和优势的现代化产业体系，推动新疆迈上高质量发展的轨道，同全国一道全面建设社会主义现代化国家。

【摘要】能源是实现碳达峰碳中和的主战场。“十四五”以来，新疆立足能源资源禀赋和区位优势，抢抓新能源发展机遇期和政策窗口期，扎实推进以沙漠、戈壁、荒漠为重点的大型风电光伏基地建设，采取一揽子政策措施，在要素保障、电网配套、消纳空间等方面持续用力，打造“新能源 +”多领域应用模式，新能源建设由快速布局转入加速建成并网阶段，新能源产业规模不断扩大，节能、减污、降碳协同增效，统筹推进碳达峰碳中和重大战略和经济社会高质量发展。

【关键词】大型风电光伏基地　绿电消纳　新能源政策

一、背景情况

受自然环境、地理位置、产业基础等客观条件影响，新疆经济社会发展相对滞后，工业化、城镇化正在持续推进，能源消费结构需进一步优化，实现“双碳”目标任务十分艰巨。同时，新疆风、光等新能源资源和沙漠、戈壁、荒漠等土地资源丰富，具备发展新能源产业得天独厚的资源优势和空间条件。新疆深入学习领会习近平总书记关于新疆工作重要讲话和指示批示精神，完整准确贯彻新时代党的治疆方略，“十四五”以来，聚焦保障国家能源安全和落实“双碳”战略任务，在做好淘汰落后产能基础上，突出大力发展新能源，加快构建新型能源体系，打造全国能源资源战略保障基地。

二、主要做法

（一）科学统筹加快新能源建设

新疆紧紧围绕“四个革命、一个合作”能源安全新战略，牢牢把握国家“三基地一通道”战略定位，将“新能源资源禀赋、第三次全国国土调查成果、主干网架、产业布局”四个维度叠加，形成区域新能源开发布局、建设用地“一张图”“标准地”，科学谋划推进以沙漠、戈壁、荒漠地区为重点的大型风电光伏基地建设，推动新能源集群发展。建立“一企一专班”新能源项目调度服务机制，采取清单动态调整退出、并网环节压缩、与用能要素保障关联等措施，加快新能源项目建设。已集中建成哈密千万千瓦级新能源基地及准东、达坂城、百里风区等10余个百万千瓦级新能源集聚区，哈密北、准东、南疆环塔、若羌等千万千瓦级新能源基地正在加快建设。截至2023年7月，新疆电网调度口径新能源装机规模5114万千瓦（风电2989万千瓦、光伏2125万千瓦），占电源总装机的40.8%，同比提高6.4个百分点；2023年1—7月，新能源发电量占总发电量的19.1%，累计减少二氧化碳排放约4100万吨，在建新能源规模超7000万千瓦。

（二）多措并举提高绿色电力使用比例

实施煤电灵活性改造，推动自备电厂转公用应急电源，开展深度调峰、热电解耦等技术探索，不断提升电力系统高比例灵活调节能力，为新能源规模化发展提供保障。将绿电消纳与重点用能单位管理、固定资产投资项目节能审查相衔接，形成政策合力，推动高载能特别是高用电行业和自备电厂绿电替代。坚持可再生能源消纳月度监测、季度预警制度，对完成年度目标任务困难的企业及时预警、限期整改，通过购买可再生能源电力超额消纳量或绿证补齐目标任务，对连续2次以上被预警提醒的企业，限制参与疆内中长期电力交易。推动一体化布局建设氢（氨）生产项目与新能源项目，根据项目建设进度，差异化配置新能源发电规模，促进绿电制氢加速发展。引导油气生产企业以新能源电力替代油气资源勘探、开发、加工等环节中的化石能源消耗，支持油田通过低成本绿电支撑减氧空气驱、二氧化碳驱、稠油热采电加热辅助等三次采油方式增产原油。截至2023年9月，已建成中石化新疆库车绿氢示范项目、吐哈油田源网荷储一体化项目等多个市场化新能源项目，绿电使用比例逐年提高。

乌鲁木齐市达坂城区华电苇湖梁风电场

（三）因地制宜研究制定新能源发展政策

新疆针对地域广大、能源充裕、品种多等特点，建立清单化备案、项目储备、信用监管、调峰保障、资金保障、专班调度等新能源开发管理十大机制，发布推进大型风电光伏基地建设操作指引，研究制定推进新能源及关联产业协同发展、加快推动抽水蓄能高质量发展、服务新型储能健康发展、推进源网荷储一体化项目建设等政策文件，持续深化改革。在加快推动抽水蓄能高质量发展方面，实行最大程度函告审核、最快速度并联审批、最优限度容缺受理，在可行性研究报告编制过程中，同步取得建设项目用地预审与选址意见书、项目社会稳定风险评估报告及审核意见、移民安置规划审核意见即可申请核准，压缩核准时间约 8 个月。在风电光伏市场化发展机制方面，项目开工当年承诺年度投资完成 2 亿元以上，配置抽水蓄能装机规模 25% 的新能源规模，第 1 台发电机组并网后，再配置 25% 的新能源规模；对燃煤自备电厂转为公用调峰电源的，配置新能源规模由原政策中的1.5倍提升至2倍；燃煤自备电厂主动压减电量上限的，由原政策中的以6000小时为基数提升至最大发电小时8760小时，增加燃煤自备电厂对硅基、铝基等材料生产企业的吸引力，推进用能需求绿电替代。

三、经验启示

1. 优化新能源发展方式，是助力“双碳”目标实现的关键。加快推进以沙漠、戈壁、荒漠地区为重点的大型风电光伏基地建设，既有利于提高清洁低碳能源供给水平，也有利于改善当地生态质量和气候环境。“十四五”以来，新疆充分发挥沙漠、戈壁、荒漠地区新能源资源丰富、建设条件好等优势，坚持基地化、规模化、集约化布局，谋划建成了一批千万千瓦级、百万千瓦级新能源基地，形成了集中连片规模开发的态势。

2. 促进绿电消纳，是助力“双碳”目标实现的动力。提升绿电消纳水平是推动新能源高质量发展、构建新型电力系统的必然选择。新疆坚持以提升产业绿电消纳能力为重要前提，在源头布局上推动新能源与产业项目有机协调，推进新能源与多产业耦合联动发展，扎实做好中东部产业承接转移，培育发展优质用电负荷，打造“新能源+”产业集群，多元化促进绿电消纳。

3. 完善新能源政策体系，是助力“双碳”目标实现的保障。新疆树牢系统思维，坚持“市场主导、政府有为、系统协同、适度超前”的原则，不断丰富以新能源开发管理十大机制为基础，新能源及关联产业协同发展、抽水蓄能高质量发展等为配套的政策体系，组合发力，推动新能源高质量可持续发展。

【思考题】

1. 可以采取哪些措施提高绿色电力使用比例?

2. 如何通过政策引导新能源开发稳步推进?

推进节能降碳增效

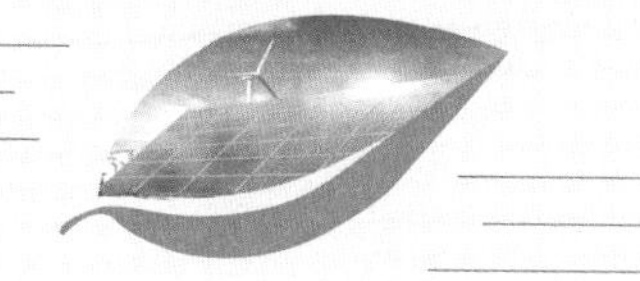

全面加强节能降碳工作　加快绿色低碳转型步伐

——内蒙古坚定不移走生态优先、绿色发展为导向的高质量发展新路子

【引言】2022年3月5日，习近平总书记在参加十三届全国人大五次会议内蒙古代表团审议时强调，内蒙古要坚定不移走以生态优先、绿色发展为导向的高质量发展新路子，切实履行维护国家生态安全、能源安全、粮食安全、产业安全的重大政治责任。

【摘要】节约能源是实现“双碳”目标、推动经济社会绿色低碳高质量发展的重要抓手。“十四五”以来，内蒙古深刻反思此前能耗强度不降反升、能耗无序增长的突出问题，总结经验教训，认真贯彻落实党中央、国务院决策部署，采取“一揽子”政策措施，狠抓节能降碳工作落实，坚决遏制高耗能、高排放、低水平项目盲目上马，构建长效工作机制，统筹推进节能降碳与经济社会高质量发展，为坚定不移走好以生态优先、绿色发展为导向的高质量发展新路子打下了坚实基础。

【关键词】能耗双控　绿色低碳转型　政策创新体系

一、背景情况

“十三五”时期，由于产业结构重型化、发展方式倚能倚重等原因，内蒙古能耗总量高速增长、能耗强度不降反升，遏制“两高一低”项目盲目发展面临巨大压力。为扭转严峻形势，内蒙古强化目标约束，狠抓节能管理，“一企一策”精准分类施策，实现了能耗双控指标“由红转绿”；持续完善能耗双控政策体系，健全长效机制，将坚决遏制高耗能、高排放、低水平项目盲目上马作为重要抓手，着力化解结构性矛盾。“十四五”前两年，在保持固定资产投资增速全国第一的同时，全区能耗强度累计下降 11%，完成目标进度的 70% 以上，实现了节能降碳与经济发展“双赢”。

二、主要做法

（一）切实提高站位，加强统筹谋划

一是加强组织领导。自治区党委、政府高度重视节能工作，主要负责同志多次对加强节能工作作出专门批示，多次召开党委常委会会议、政府常务会议和专题会议，传达贯彻中央领导同志重要指示批示精神和党中央、国务院决策部署，深入剖析存在的问题及原因，研究部署能耗双控重点任务，全面加强节能工作。

二是完善工作机制。充分发挥节能工作领导小组办公室统筹协调作用，组建工作专班，建立坚决遏制“两高”项目盲目发展厅际联席会议制度，强化部门协调联动，及时分析研判节能形势，统筹有序推

进重点领域和重点行业节能降碳增效工作。

三是压实各方责任。制定印发《盟市、旗县政府及自治区有关部门节能工作责任清单》，明确“自治区统筹、盟市负总责、部门落实行业责任、企业落实主体责任”的节能工作责任机制，构建起职责明确、分工协作的管理体系，进一步形成节能工作合力。

（二）聚焦重点难点，狠抓问题整改

一是开展专项检查。以坚决遏制“两高一低”项目盲目上马为重要抓手，聚焦重点领域重要环节，加强清理整治，深挖节能潜力，推动产业结构和用能方式转型升级。2021 年以来，自治区先后组织开展 4 轮次专项检查和明查暗访，实施违规项目清理专项行动，对 41 个旗县 120 个项目开展现场检查，逐一核查项目落实产业、节能、环保等政策情况，先后叫停拟建、停建整改违规焦化项目 42 个，清退虚拟货币“挖矿”项目 49 个，全部按要求完成整改任务。

二是严把新上项目关口。优化完善项目管理方式，全面实行台账式、清单式管理，按照“遏制一批、置换一批、缓建一批”的原则有序推进分类处置。强化新上项目源头管控，深入论证项目建设必要性、科学性，对拟建项目能耗、投资、产出等进行综合评价和竞争性排序，提高重点行业能效准入标准。

三是推动存量项目节能改造。深入实施工业节能技改计划、淘汰落后化解过剩产能计划、煤电节能降耗及灵活性改造计划，2021 年以来对 420 家重点用能单位开展能源审计，为 510 户工业企业提供公益性节能诊断服务，实施煤电机组节能改造 1200 万千瓦，淘汰落后煤电机组 95 万千瓦，有序退出钢铁、铁合金、电石、焦炭等行业限制类及以下产能 3728 万吨。

大型煤炭深加工示范企业中天合创能源有限责任公司外景

（三）完善政策体系，构建长效机制

一是完善节能政策体系。创新制定项目能耗强度标杆值政策，通过实行差别化的节能审查政策，引导能源要素向低能耗、高附加值的优质项目配置，以明确的用能预期统筹项目建设和节能管理。制定出台《关于确保完成“十四五”能耗双控目标若干保障措施》《坚决遏制“两高”项目低水平盲目发展管控目录》等政策文件，从产业准入、淘汰退出、节能、环保等各方面，倒逼“两高”企业提升能源利用效率。

二是加强用能预算管理。为进一步提升节能工作精细化水平，自治区组织各盟市建立完善用能预算制度，帮助地方和企业找到统筹节能降耗和经济发展的新路径。以乌兰察布市为例，“十四五”以来，在综合考虑能耗产出效益（增加值、就业、税收、民生保障等）的基础上，合理配置用能预算指标，优先保障高附加值低能耗企业用能，加大铁合金限制类产能淘汰力度，压减低质低效用能，逐步形成“禁违规、控落后、优先进、保民生”的节能工作模式，实现能耗管理与经济发展“双突破”。

三是完善高耗能行业电价机制。自治区从2021年起取消高耗能行业优惠电价，并对365户高耗能企业42种工业产品开展电价政策落实情况专项检查，充分发挥价格调控高耗能企业用能的杠杆作用。严格执行高耗能行业火电交易电价不设上限政策，蒙西地区钢铁、电解铝、铁合金、电石、聚氯乙烯、焦炭等高耗能行业企业煤电市场交易电价上浮39.3%，高于一般行业最高上浮不超过20%的价格限制，倒逼能效水平提升和产业结构升级。

三、经验启示

1. 抓好节能降碳工作是促进高质量发展的重要“抓手”。“十四五”以来，内蒙古自治区党委和政府坚决落实党中央和国务院决策部署，坚定不移贯彻新发展理念，着力从严格产业准入、落实能耗双控、推进产业升级改造、优化能源结构、提升资源要素利用等方面综合施策，有效扭转了“十三五”节能工作不利局面，有效破解了资源要素利用低质低效、闲置浪费等问题，促进了经济社会发展全面绿色转型。

2. 构建节能增效长效机制是抓好节能工作的重要保障。“十四五”以来，自治区进一步完善新形势下统筹能耗双控与经济稳定、能源安全、产业链供应链安全的政策制度，印发自治区《“十四五”节能规划》《“十四五”节能减排综合工作实施方案》《关于完善能耗强度和总量双控政策措施保障“稳中求进”高质量发展的通知》《坚决遏制“两高”项目低水平盲目发展管控目录》，修订《关于确保完成“十四五”能耗双控目标任务若干保障措施》，配套产业准入、用能预算、监测预警、用能监管、差别电价等一系列工作措施，一揽子政策支撑起节能管理政策体系。

3. 突出能效引领是抓好节能工作的关键环节。自治区对各盟市"十四五"能耗强度降低实行"基本目标+激励目标"双目标管理，以能源产出率为重要依据，综合考虑发展阶段等因素，科学合理确定盟市"十四五"和年度能耗强度降低目标。各盟市根据自治区下达的能耗强度降低年度目标和本地区生产总值增速年度目标，合理确定本地区能耗总量年度目标这一预期性指标，并可以根据经济增速作相应调整，大力提高有效投资，保障了经济稳定增长的"动力源"。

【思考题】

1. 如何更好推动实施能耗双控向碳排放双控转变?

2. 如何合理推进高耗能企业绿电替代，化解能耗强度影响，深入解决制约能源高效利用的突出矛盾和问题?

明目标强导向　园区引领企业绿色低碳发展

——黑龙江富拉尔基经济开发区以绿色转型打造比较优势

【引言】2021 年 11 月 11 日，习近平总书记在亚太经合组织工商领导人峰会发表主旨演讲时指出，没有发展，就不能聚集起绿色转型的经济力量；忽视民生，就会失去绿色转型的社会依托。我们要准确理解可持续发展理念，坚持以人民为中心，协调好经济增长、民生保障、节能减排，在经济发展中促进绿色转型、在绿色转型中实现更大发展。

【摘要】开发区是经济发展的主战场，也是绿色低碳发展的主阵地。黑龙江富拉尔基经济开发区（以下简称“开发区”）现有中国一重、建龙北满、紫金铜业等大中型企业。这些龙头企业既是经济发展的领军者，也是产业转型的主力军。开发区坚持生态优先、绿色发展，做好企业的引领员、整体布局谋发展，做好企业的宣传员、推动资源循环利用，做好企业的服务员、保障生产要素使用，加快产业优化升级，帮助企业提升绿色竞争力，走出了经济社会发展与生态环境保护高水平协同共进的成功之路。

【关键词】绿色转型　节能降碳　地企双赢

一、背景情况

黑龙江富拉尔基经济开发区是2005年经国家发展改革委等五部委核准的省级经济开发区。经过近20年发展建设，已形成东北综合产业园、西北中国一重（富拉尔基）配套产业园、西南金属新材料产业园“一区三园”的专业化格局。园区内有中国一重、建龙北满、紫金铜业等大中型企业，主要以装备制造、新材料为主导产业，形成装备制造、有色金属、黑色金属三大产业链融通发展的模式。在推进“双碳”重大战略过程中，园区内大中型企业成为率先绿色低碳转型、提高能源资源利用率的主力军。

作为国家振兴东北老工业基地、国家级增量配电网业务改革试点园区、国家级外贸转型升级基地等多个示范试点，开发区坚持降碳、减污、扩绿、增长协同推进，在园区规划、建设、管理、运营中全方位系统性融入绿色低碳发展理念，聚焦能源消费端，以高效节能、绿色能源替代为方向，实现产业低碳化发展、能源绿色化转型、设施集聚化共享、资源循环化利用，打造了生产生态生活深度融合的新型产业园区。

二、主要做法

（一）做好引领员，整体布局谋发展

开发区将绿色低碳园区建设要求融入园区发展总体规划和专项规划，统一确定园区空间布局、产业布局、能源结构布局，推动绿色低碳

产业、先进制造业聚集，提高园区单位面积经济产出。空间布局方面，编制国土空间规划，明确绿电产业园发展方向，发挥顶层规划作用，保证园区土地高效利用。同步调整东北综合产业园、西北中国一重（富拉尔基）配套产业集中区控制性详细规划，建立健全园区环境安全应急体系和污染源、水土资源监测机制。产业布局方面，根据各企业发展特点，建设金属新材料产业园区，引进上下游产业链企业，强化企业间配套协作，紫金铜业副产品硫酸供给龙江中粮、龙江阜丰、东北阜丰、吉林梅花等齐齐哈尔市域内及东北区域企业使用。全力助推中国一重高端大型铸锻件项目建设，主要产品直供开发区内企业，形成“短流程、隔墙送料”的节能模式。能源结构布局方面，鼓励企业利用园区场地建设分布式光伏，主动开展绿电交易，提高园区内企业新能源用电比例。

（二）做好宣传员，提升工艺促循环

开发区积极宣传介绍“双碳”政策，引导企业通过技术改造、科技创

园区紫金铜业生产厂区

新、工艺提升等措施实施绿色低碳转型。中国一重实施1350/1600mm垂直铸机建设项目，打造超大截面制坯创新性工艺及装备，集中采用了多项创新技术，解决了超大截面制坯“卡脖子”难题；建龙北满先后实施剩余煤气发电、烧结机改造升级、能源动力技术升级改造项目，从源头减少污染物和二氧化碳排放，累计实现年节约标准煤18.7万吨、减碳50万吨；紫金铜业实施硫酸低温余热回收发电、生物质燃料替代燃煤、循环水泵节能改造、一次风机汽拖改造、制氧氮压机节电降耗等一系列节能降碳工程，年节省标准煤2.2万吨、减碳7.15万吨。

（三）做好服务员，集约要素保生产

开发区集中建设环保处理设施，园区企业废水处理率达到100%。鼓励园区企业利用富拉尔基热电厂蒸汽进行集中供热和工业生产，实现能源循环高效利用。发挥增量配电网试点优势，通过源网荷储模式，鼓励开发区内企业采购区内增量配电网的绿电，降低企业用电成本。集中铺设天然气管道，为一重集团、建龙北满、紫金铜业等大企业生产用气争取大用户用气价格。开展绿色物流，规划建设智慧工业物流交通枢纽项目，大宗货物实现铁路运输，推广城市工业品物流配送应用电动商用车模式。

三、经验启示

1. 打造绿色低碳园区，必须坚定不移推进多规融合。开发区始终坚持生态优先、绿色发展不动摇，高起点编制总体规划和专项规划，加强各项规划衔接，依托信息管理和共享平台进行控详修编。空间布局、产业布局、能源结构等提前谋划，与资源禀赋、交通条件、生产

要素、生态环境等相融合，有效解决了原有各类布局自成体系、内容冲突等问题。

2. 打造绿色低碳园区，必须坚定不移推进产业绿色转型。发展经济不能对资源和生态环境竭泽而渔，生态环境保护也不是舍弃经济发展而缘木求鱼，实现两者有机统一要推进产业绿色转型。开发区高度重视自然要素保护与合理开发，积极采取提高环境标准和投资门槛、推进低效用地再开发、发展循环经济以及优化调整产业结构等措施，提升资源和环境要素产出效率。

3. 打造绿色低碳园区，必须坚定不移推进治理机制创新。良好生态环境是最公平的公共产品、最普惠的民生福祉，持续提升环境质量是各类开发区的基本职责。开发区坚持“有为政府”与“有效市场”优势互补、同向发力，建立“开发区管委会＋公司”的管理模式，创新治理机制，成立富经投资运营公司，实行园区市场化管理模式，增加园区“造血”功能，推动开发区高质量发展。

【思考题】

1. 如何引导企业自主创新做好节能降碳工作，实现资源循环利用，实现园区经济又好又快发展?

2. 如何发挥开发区作用，结合区位优势和园区资源，帮助园区企业立足企业实际提高效能、降低成本?

实施重点用能单位节能管理服务 助力企业提质增效

——安徽"一企一策"节能降碳诊断经验

【引言】2022年1月24日，习近平总书记在主持十九届中央政治局第三十六次集体学习时指出，要下大气力推动钢铁、有色、石化、化工、建材等传统产业优化升级，加快工业领域低碳工艺革新和数字化转型。

【摘要】实施重点用能单位节能管理服务，是提高能源利用效率、推动实现碳达峰碳中和的重要抓手。现有重点用能单位节能管理侧重于目标管理和评价考核，面对"十四五"节能降碳工作新形势、新任务、新要求，节能管理服务需要更多从服务企业的角度推动企业提质增效。安徽省发展改革委通过政府购买服务方式委托第三方专业机构对重点用能单位开展"一企一策"节能降碳诊断工作，对标能效标杆水平或国际先进水平，深入挖掘节能降碳潜力，综合运用退坡奖补等激励政策，为高质量发展腾出用能空间，助力"双碳"目标实现。

【关键词】重点用能单位 "一企一策" 节能降碳诊断

一、背景情况

节能诊断是深入挖掘企业节能潜力、提高能源管理水平、促进绿色低碳发展的重要手段。2022年6月以来，安徽省先后印发《安徽省“十四五”节能减排实施方案》《安徽省碳达峰实施方案》，要求聚焦石化、化工、钢铁、电力、有色、建材等主要耗能行业，开展工业能效提升行动。2023年3月，安徽省印发《关于集中开展重点企业“一企一策”节能减煤降碳诊断工作的通知》，省级层面安排2000万元左右资金，组织各市对402家重点用能单位集中开展“一企一策”节能降碳诊断工作，结合国内国际同行业同类型企业先进工艺、装备、设备要求，科学提出节能减煤降碳措施，明确可操作的实施路径，形成“一企一策”精准诊断报告，为企业节能降碳升级改造提供基础支撑。

二、主要做法

（一）制定节能诊断时间表、路线图，确保工作有序开展

充分发挥安徽省节能减排及应对气候变化工作领导小组办公室统筹协调作用，制定实施计划，定期调度工作进展，确保落实落细。节能诊断工作分三阶段实施：第一阶段为企业诊断阶段，各市委托第三方专业机构开展现场诊断工作，出具诊断报告，形成初审意见；第二阶段为诊断复核阶段，安徽省发展改革委会同相关行业主管部门、专家团队对诊断报告逐一核查，确定节能降碳具体改造提升措施；第三阶段为改造提升阶段，各市督促有关重点用能单位制定施工图和时间表，实施挂图作战，尽快实现节能降碳效果最大化。

（二）建立省级诊断服务机构名单，助力提升服务质量

安徽省发展改革委面向社会公开征集一批节能减煤降碳诊断服务机构和合同能源管理合格供应商。通过自主申报、专家评审、网站公示等环节，确定了实绩突出、企业认可度高、服务能力强的21家节能减煤降碳诊断服务机构和8家合同能源管理合格供应商，作为省级节能减煤降碳诊断服务机构名单（第一批）和合同能源管理合格供应商名单（第一批），公开对外发布。同时，建立动态管理和绩效评价机制，实施有进有出的动态调整。各市通过政府购买服务分散招标的形式确定第三方专业机构，以市场化、专业化方式推动后续节能降碳改造。鼓励各市优先从省级节能减煤降碳诊断服务机构名单中选择第三方专业机构开展节能降碳诊断。

（三）发布第三方专业机构诊断指引，规范诊断工作流程

为确保诊断工作连贯性、一致性，安徽省发展改革委发布第三方专业机构诊断指引，对诊断团队、工作计划、现场诊断、诊断报告等提出明确要求。根据企业年综合能耗，分3档确定诊断团队的人员力量配备，包括专家数量、职称水平等，以及现场诊断的时间要求。第三方专业机构与企业以及所在市节能主管部门充分沟通后，合理确定诊断计划，重点对企业的能源流程、能效指标、能源管理、工艺环节、设备能效等进行诊断。基于诊断结果，对照能效标杆水平或国际先进水平，从技术改造、装备升级、工艺优化、管理提升等方面提出切实可行的改造措施，对各项改造措施的预期节能减煤降碳效果和经济效益等进行综合评估，形成企业“一企一策”节能减煤降碳诊断报告。

节能诊断专家现场查看水泥熟料生产工艺流程图

（四）建立诊断成效与服务费用挂钩机制，着力提高诊断效用

为最大限度挖掘企业节能降碳潜力，建立第三方专业机构服务费用与节能量挂钩机制，力求诊断工作全面、系统、深入开展。诊断报告通过安徽省发展改革委审核后，各市向第三方专业机构支付服务费用。其中，诊断报告提出的节能减煤降碳措施预计实现节能量占企业能耗总量15%及以上的，支付100%服务费用；节能量占比低于3%的，支付10%服务费用；节能量占比在3%—15%之间的，按比例支付服务费用，节能量及支付费用占比根据全省最终审核通过的诊断报告实际情况予以调整。

（五）实施退坡奖补、差异化用能等政策，支持企业改造升级

采取“免申即享”方式支持重点领域节能降碳技术改造，在2025

年前达到标杆水平及以上的，改造后，省级按每节约 1 吨标准煤 / 年（以设计产能计算）给予 300 元的标准给予一次性奖励，单个项目最高 1000 万元，单个企业最高 2000 万元。奖补比例采取退坡机制，根据企业节能降碳改造完成时限先后，逐步降低兑现奖补的比例。用好碳减排支持工具，优先将节能降碳改造项目纳入绿色低碳项目库，推动银企精准有效对接，引导金融机构提供优惠利率融资。优先推荐节能降碳改造项目申请中央预算内资金、财政贴息、设备更新贷款等政策支持。对未按期完成改造任务的重点用能单位，从严从紧下达节能目标。

截至 2023 年 10 月，安徽已全部完成 402 家重点企业现场诊断及报告编制工作。经初步统计，共提出节能减煤降碳措施 2098 条，预计总投资 316 亿元，全部实施后可实现节能量 790 万吨、减煤量 344 万吨、降碳量 1561 万吨。

三、经验启示

1. 建立以服务为主导的节能管理模式。安徽提升为企业服务的意识，推动节能工作从“管理”转向“服务”，政府拿钱、企业“体检”，委托第三方专业机构对重点用能单位逐一开展节能降碳诊断服务，全面梳理、系统分析企业能效水平和节能降碳空间，推动企业提质增效。

2. 完善以提效为导向的激励约束政策。针对企业自主开展节能改造升级的积极性不强、主动性不高等问题，安徽持续完善激励约束政策，推动企业尽早实施节能降碳升级改造。鼓励各市以园区为载体引进设立专业化节能降碳管理服务平台，系统谋划推进园区节能降碳工作，积极争取中央预算内资金支持。

3. 构建以共赢为核心的多方参与格局。安徽以重点用能单位“一企一策”节能降碳诊断为契机，形成多方参与、互利共赢的良好格局，推动企业主体提质增效，推广应用节能降碳先进技术，发展壮大节能服务产业，经济社会发展绿色化、低碳化程度不断提高，为高质量发展提供了强大绿色发展动能。

【思考题】

1. 如何进一步推动重点用能单位“一企一策”节能诊断与用能权有偿使用和交易的有机衔接?

2. 如何充分发挥重点用能单位能耗在线监测系统在“一企一策”节能诊断、节能降碳成效核定中的作用?

3. 如何合理运用重点用能单位“一企一策”节能诊断结果，完善现有节能标准和阶梯电价政策，提高企业提质增效的行动自觉?

创新谋划“1+5”工作体系
推动产业绿色低碳高质量发展

——山东在遏制“两高”项目盲目发展中走在前列

【引言】2021年7月30日，习近平总书记在主持十九届中央政治局会议时指出，要统筹有序做好碳达峰、碳中和工作，尽快出台2030年前碳达峰行动方案，坚持全国一盘棋，纠正运动式“减碳”，先立后破，坚决遏制“两高”项目盲目发展。

【摘要】推动“两高”行业节能降碳、高质量发展是加快新旧动能转换的有力举措，是推进“双碳”工作的重要路径，是建设绿色低碳高质量发展先行区的关键环节。山东产业结构偏重、能源结构偏煤，“两高”行业规模体量大、发展水平低。2020年以来，山东就坚决遏制“两高”项目盲目发展开展了系列工作，形成了“一个方法统领、五项措施推进”的“1+5”工作体系，“两高”行业质量效益持续提升，有力支撑了全省绿色低碳转型。2022年，全省能耗强度较2020年累计下降10%（扣除原料用能和可再生能源消费量），完成“十四五”目标任务的67.3%。

【关键词】“两高”项目 “1+5”工作体系 精准监管

一、背景情况

山东产业结构偏重，传统产业增加值占工业总量的70%，重化工业增加值占传统产业的70%，能源资源消耗大，发展面临能耗、煤耗、碳排放、污染物排放“天花板”。2021年10月，中共中央、国务院发布《关于完整准确全面贯彻新发展理念做好碳达峰碳中和工作的意见》，国务院印发《2030年前碳达峰行动方案》，部署“坚决遏制‘两高’项目盲目发展”“对‘两高’项目实行清单管理、分类处置、动态监控”等重点任务。2022年8月，国务院印发《关于支持山东深化新旧动能转换推动绿色低碳高质量发展的意见》，赋予山东建设绿色低碳高质量发展先行区重大使命，对山东提出了“坚决遏制高耗能高排放低水平项目盲目发展”的明确要求。

二、主要做法

2020年以来，山东就坚决遏制“两高”项目盲目发展开展了系列工作，制定出台了20个政策文件，形成了“一个方法统领、五项措施推进”的“1+5”工作体系。

（一）落实“四个区分”方法

一是区分“两高”与非“两高”。坚持“严控‘两高’、优化其他”的发展思路，对“两高”行业实行能耗煤耗单独核算、闭环管理、只减不增，严控增量、优化存量；对非“两高”行业，加大“双招双引”力度，持续推动高质量发展。二是区分产业链上游与中下游。科学界定“两高”项目范围，将“两高”项目严格限定在高耗能行业的上游初加工环节和部分中游，下游一般不作限制。三是区分新建与技改。对新建“两高”项目进行严控，严格落实“五个减量或等量替代”；对实施节能环保改造、安全设施改造、质量提升不扩大产能的技术改造项目，予以积极鼓励。四是区分不同时间节点和是否合规。区分好存量“两高”项目是否完全满足现行法律法规、标准规范要求，对2018年以来建设的违规“两高”项目依法依规严肃处置，2018年以前特别是“十三五”以前建设的“两高”项目，尊重历史、实事求是、妥善处置。

（二）科学界定“两高”项目范围

统筹考虑能耗总量、万元工业增加值能耗，将“六大高耗能行业”中的煤电、炼化、焦化、钢铁、水泥、铁合金、电解铝、甲醇、氯碱、电石、醋酸、氮肥、石灰、平板玻璃、建筑陶瓷、沥青防水材料16个子行业上游初加工、高耗能高排放环节投资项目界定为“两高”项目。为保持政策的科学性、精准性、适用性，对“两高”政策持续进行调整完善，从2021年6月第一版“两高”项目管理目录制定实施以来，已调整完善3次。

（三）开展“两高”项目排查摸底

建立全面排查摸底机制，组成5个联合检查组，每半年组织一次“两高”项目全面排查摸底，经地市自查、全面核查、现场督导、专家复核、部门联审、重点复查等程序，重点检查各市坚决遏制“两高”项目盲目发展工作开展情况、“两高”政策措施落实情况，以及企业能耗、煤耗、碳排放、污染物排放、用水、用电、产量、营收、税收、利润等情况。

山东“两高”行业现场核查

（四）严格控制新建“两高”项目

实施产能监测预警，深入分析全省存量、在建项目产能及市场供需状况，对产能过剩或预期过剩的重点行业项目给予预警提示，并依法依规实行限批。实施提级审批和窗口指导，对钢铁、焦化、炼化、水泥、轮胎、电解铝 6 类项目立项由省级核准或备案，对其他 10 类项目立项由省发展改革委牵头进行窗口指导，通过省级窗口指导的市县方可予以核准或备案，对技改项目实行市级窗口指导。实行“五个减量或等量替代”，明确规定 16 类“两高”项目产能、能耗、煤耗、碳排放、污染物排放具体替代比例、替代来源和有关要求。

（五）优化提升存量“两高”项目

一是分类推进违规项目整改。按照“合规项目类”纳入“两高”项目清单，“完善手续类”依法依规完善手续，“改造提升类”待完成改造提升、达到标准条件后再依法依规完善手续，“关停退出类”依法依规关停退出这四类处置方式，推进违规项目整改，解决“两高”项目合规性和历史遗留问题。二是推动“两高”项目能效改造提升。印发实施省级能效改造提升标准，组织制定“一企一策”节能降碳技术改造方案，加快产业绿色低碳转型。三是推动落后产能退出。2022 年，全省 233 台 3.2 米及以下水泥磨机全部整合退出，退出产能按照不低于 2∶1 的比例进行减量置换，累计整合退出粉磨产能 1.2 亿吨。2023 年底前退出铸造企业 500 家，建设 20 个绿色高端铸造产业园。

（六）强化“两高”项目科学精准监管

一是实施“一张清单管理”。公布全省“两高”项目清单，并进行动态调整，不在清单内的“两高”项目不得继续实施。二是实施“一个平台监测”。建设全省电子监管平台，开展精准计量，实现能耗、煤耗、碳排放等核心数据实时监测，真实掌握第一手资料。三是实施“一支队伍检查”。全省选派精干力量，建立监督检查工作体系，开展全天候、全方位、立体化监督检查，构建起了省级全面核查、地方驻企监管、“四进”定期督导、部门专项督查的监督检查机制。

三、经验启示

1. 坚持系统观念定方向。山东把坚决遏制“两高”项目盲目发展作为推进碳达峰碳中和工作的当务之急，系统谋划、统筹推进，科学设置目标任务、逐项明确推进路径，建立“工作项目化、项目清单化、清单责任化、责任时效化”工作机制，对全省遏制“两高”项目盲目发展工作进行全面部署。

2. 坚持问题导向求实效。针对“两高”项目数据存在的底数不清、数据不实等问题，山东组织精干力量，将行业专家纳入数据联查联审专项工作组，提供技术指导。组织多部门开展核查数据联审，综合比对数据、相互验证情况，对存疑数据逐一审核比对、分析原因、校正错误，提升核查数据的科学性、准确性，为后续决策提供支撑。

3. 坚持统一思想抓落实。坚决遏制“两高”项目盲目发展，需要政府和企业的充分沟通、通力协作。山东定期组织专题培训会，通过部门讲政策、专家讲技术、企业讲案例的形式，让大家熟悉最新政策要求、掌握前沿技术装备、增强绿色低碳意识，实现“要我降碳”向“我要降碳”的转变。同时，建立工作通报机制，总结推广典型案例、先进经验，表扬先进、通报落后，提高地方政府工作积极性。

【思考题】

1. 如何创新遏制“两高”项目盲目发展有效路径，助力碳达峰碳中和目标实现?

2. 山东坚决遏制“两高”项目盲目发展“1+5”工作体系，对本地绿色低碳高质量发展有什么启示?

海底数据中心　低碳和谐共生

——海南商用海底数据中心创新实践

【引言】2021 年 10 月 18 日，习近平总书记在主持十九届中央政治局第三十四次集体学习时提出，加快新型基础设施建设。要加强战略布局，加快建设以 5G 网络、全国一体化数据中心体系、国家产业互联网等为抓手的高速泛在、天地一体、云网融合、智能敏捷、绿色低碳、安全可控的智能化综合性数字信息基础设施，打通经济社会发展的信息“大动脉”。

【摘要】传统陆地数据中心能耗高，土地及淡水资源消耗大。海底数据中心可利用广袤海水体量、流速对数据中心产生的热量进行散热，具有省电、省土地、省淡水资源等特点。海南积极探索建设海底数据中心，开辟绿色低碳新路径；实施立体集约用海，促进人与自然和谐共生；多产业融合发展，激发海洋经济“蓝色新动能”。

【关键词】海底数据中心　海洋经济　集约用海

一、背景情况

在数字经济新基建的背景下，作为基础设施的数据中心持续快速增长。2022年，全国数据中心能源消耗高达2700亿千瓦时，占全社会用电量的3.1%；预计到2025年，全国数据中心能源消耗总量达4000亿千瓦时，约占全社会用电量的4.1%，已成为新的用能增长点。国家发展改革委等部门联合印发了《贯彻落实碳达峰碳中和目标要求　推动数据中心和5G等新型基础设施绿色高质量发展实施方案》，鼓励探索利用山洞、海底、河流湖泊沿岸等特殊地理条件发展数据中心，充分发挥气候水文和地形地貌等自然条件天然优势，因地制宜促进数据中心节能降耗。海南是全国海洋面积最大的省份，海洋资源丰富。将海底数据中心纳入《海南省海洋经济发展“十四五”规划》，作为海南自贸港数字化建设的“新基建”创新示范工程统筹推进，对于推动海南绿色高质量发展具有重要现实意义。

二、主要做法

（一）部署海底数据中心，开辟绿色低碳新路径

与陆地数据中心相比，海底数据中心无需压缩机、空调、冷却塔等耗能设施，具有省电、省土地、省淡水资源等特点。海南在沿海城市就近部署，将服务器放置于海底，陆上产生的数据通过光缆接入海底数据中心进行计算、加工与存储。强化校企合作，加强多领域交叉创新，突破了海水无动力散热技术、全链路微结点智控技术、水下复杂系统电力通讯干湿插拔技术等技术难题，满足了单机柜功率密度高

达 150 千瓦的散热要求，最高算力比陆地数据中心提高 10—15 倍。打造先进算力平台网，积极推进海底数据中心加入国家超算网络成为区域重要算力节点。2022 年 12 月，位于海南陵水黎族自治县英州镇离岸 2.5 千米、水深约 35 米处的商用海底数据中心（UDC）成功投运，电能利用效率（PUE）低至 1.1。

商用海底数据中心下水

（二）立体集约用海，促进人与自然和谐共生

为节约集约用好海洋资源，制定出台《关于推进海域使用权立体分层设权的通知（试行）》，通过海洋资源立体分层确权及出让机制，在海洋上层建设海上风电、波浪能等绿色电力生产设施；海洋中层探索开展渔业网箱养殖、潜水休闲观光；海洋下层部署海底数据中心，与海洋牧场融合并存，实现一海多用。通过海上风电、波浪能等绿色电能直供海底数据中心及渔业网箱养殖进行就近消纳，海底数据中心

对海上风电、波浪能及渔业网箱数据进行本地化处理，共享建设和运维资源，提高了立体集约用海利用率。据测算，20MW 规模海底数据中心每年可就近消纳海上风电 1.75 亿千瓦时，年节约标准煤 5.34 万吨，减少二氧化碳排放 13.1 万吨。

（三）产业融合发展，激发海洋经济“蓝色新动能”

数据中心在海洋产业融合方面大有可为，以海底数据中心为依托，在资本、产品、技术等方面与上下游客户开展多维度合作，促进海底数据中心产业的聚集。探索与中海油海上石油生产平台等大型工业体联合，构建海上工业物联网产业；以海底数据中心为载体，解决立体化实时获取海洋观测数据难题，形成海洋立体观探测产业链，与中国电信等 9 家企业达成签约合作。随着海底数据中心的规模化应用，将进一步与海洋云服务、海洋高端智造、海洋新材料等海洋经济产业融合，打造海洋经济发展新模式，可为加快发展现代海洋产业体系提供“蓝色新动能”。

三、经验启示

1. 顺大势，因时因地定方向。在国家“双碳”重大战略目标下，降低数据中心能耗，是绿色数据中心建设的共识和趋势。海南利用广袤海水体量、流速散热，建立全时自然冷数据中心，同时实现最大程度保护岸线生态环境，适度超前部署海底数据中心及跨境数据业务，发挥好试点对全局性改革的示范、突破、带动作用，可以为其他沿海城市建设绿色数据中心提供借鉴。

2. 勇创新，积极探索新路径。海底数据中心通过多领域交叉创新，突破了多项技术难题，为海底数据中心发展奠定了基础，有望创新出一条既省水、省电、省地又能支撑高算力、高能效、高安全的新型数据中心高质量发展路径。

3. 善融合，和谐共生谋发展。注重多产业融合发展，推动数据中心与海上可再生能源产业、海上油气平台等大型海洋工业、海洋观探测产业深度融合。通过立体集约用海，推动数据中心与海洋渔业、潜水观光等协同发展。凭借“算力优势+数据跨境+本地场景+人才供给”的产业逻辑，不断吸引资本和创新要素的集聚。

【思考题】

1. 如何破除制约绿色低碳数据中心高质量发展的政策瓶颈?

2. 如何支持绿色低碳数据中心在标准、技术、机制等方面突破及先行先试?

数据中心“变绿” 能源消耗“瘦身”
——贵州大力发展绿色数据中心实践

【引言】2024年4月23日，习近平总书记在重庆主持召开新时代推动西部大开发座谈会时强调，西部地区在全国改革发展稳定大局中举足轻重。要一以贯之抓好党中央推动西部大开发政策举措的贯彻落实，进一步形成大保护、大开放、高质量发展新格局，提升区域整体实力和可持续发展能力，在中国式现代化建设中奋力谱写西部大开发新篇章。

【摘要】数据中心等新型基础设施是实施创新驱动发展战略、推动经济社会高质量发展的重要支撑，也是新的耗能大户和碳排放主要来源之一。贵州全力打造面向全国的算力保障基地，通过完善顶层制度设计、创新洞库节能模式、推动集群集约发展、拓宽算力输送通道等有效措施，最大程度降低数据中心能源消耗和碳排放，部分数据中心电能利用效率（PUE）已降至1.1以下，为推动新型基础设施绿色低碳高质量发展提供了贵州方案。

【关键词】绿色数据中心　洞库式数据中心　算力保障基地

一、背景情况

2021 年 11 月，国家发展改革委等部门出台《贯彻落实碳达峰碳中和目标要求　推动数据中心和 5G 等新型基础设施绿色高质量发展实施方案》，要求到 2025 年，全国新建大型、超大型数据中心平均电能利用效率降到 1.3 以下，国家枢纽节点降到 1.25 以下。2022 年 11 月，贵州省委、省政府印发《贵州省碳达峰实施方案》，提出“到 2030 年，新建大型、超大型数据中心能效值（PUE）达到 1.2”。贵州能源充沛、气候凉爽、地质稳定，是最适合发展数据中心的地区之一，是国家确定的全国一体化算力网络枢纽节点之一。贵州锚定打造面向全国的算力保障基地总体目标，充分发挥可再生能源丰富、气候适宜、数据中心绿色发展潜力较大的综合优势，大力发展高可靠、高能效、绿色低碳数据中心集群，为全省如期实现碳达峰碳中和目标提供重要支撑。

二、主要做法

（一）完善顶层制度设计，强化绿色低碳要求

2022 年，贵州出台《关于加快推进“东数西算”工程建设全国一体化算力网络国家（贵州）枢纽节点的实施意见》，强调“构建高安全、高性能、智能化、绿色化、低时延的面向全国的算力保障基地”，印发《贵州省数据中心绿色高质量发展实施方案》，充分发挥各级专项资金、基金引导作用，支持在数据中心节能降碳改造、集约化智能化建设、赋能行业绿色升级等方面开展试点示范。支持引导金融机构为绿色数据中心提供相关绿色金融服务。对于 PUE 值降到 1.2 及以下的

新建数据中心和改造数据中心，在土地、水电、网络等要素方面给予优先保障。

（二）创新洞库节能模式，打造数据中心绿色样本

贵安腾讯七星数据中心依托地理环境与场区山体得天独厚优势，采用冷热通道分离设置、方仓相互独立设计等方式，首次提出洞库式数据中心概念并实现应用，聚焦绿色节能指标，对数据中心上架率、机架密度、投资强度、PUE、水利用效率（WUE）等具体指标值作出明确要求，尤其PUE、上架率采用分阶段控制的方式，更加强调“高效、节约”的低碳发展理念。通过推广洞库节能模式，打造了一批绿色低碳试点示范数据中心。其中，中国电信云计算贵州信息园、中国联通贵安云数据中心、中国移动（贵阳）数据中心、贵安华为云数据中心（云上屯C2）等11个数据中心入选国家绿色数据中心。

（三）推动集约绿色发展，强化节能降碳协同

坚持集聚发展原则，推动数据中心向贵安新区集聚，布局新建超大型、大型数据中心16个，成为全球超大型数据中心最集聚的地区之一。积极引入国家部委、金融机构、央企和互联网头部企业等，实现算力大规模集群化部署。通过数据中心集约化、规模化、绿色化运作，大幅降低能源资源消耗。在用的超大型数据中心PUE平均值在1.35左右，被工业和信息化部授予“贵州·中国南方数据中心示范基地”称号，其中，贵安华为云数据中心采用自然冷却技术和余热回收利用技术把PUE降到1.12；苹果数据中心通过太阳能、风能、沼气等可再生能源发电措施，实现100%可再生能源利用率；腾讯数据中心创新使用间接蒸发换热和冷水蒸发预冷技术将PUE降至1.1以下。

（四）拓宽算力输送通道，大幅降低算力网络时延

建成开通贵阳·贵安国家级互联网骨干直联点，成为全国19个国家互联网一级骨干点之一，实现38个城市直联。建成根服务器镜像节点和国家顶级域名节点，成为中西部地区第一个根服务器镜像节点、西部地区第三个国家顶级域名节点。建成贵阳·贵安国际互联网数据专用通道，国际间互联网访问指标达到欧美发达国家水平。到粤港澳、长三角、京津冀、成渝地区的端到端单向时延分别为13.49ms、23.19ms、32.16ms、6.98ms。

贵州贵安华为云七星湖数据中心

三、经验启示

1.以资源禀赋为根本，变资源优势为发展优势。贵州依托地质灾害少、气候适宜的自然地理资源和丰富的电力资源，以及网络质量高、

时延率低、运营成本低的优势，成为云计算提供方寻求高性价比数据中心建设选址的优先选择，也为其他地区布局建设绿色数据中心提供参考。

2. 以科技创新为动力，变创新理念为成功实践。贵州始终以建设绿色低碳、节能环保数据中心为目标，充分发挥贵阳市大数据科创城等科技创新平台及高端人才培养等方面的综合集成优势，积极在全球边缘资源、网络、分发等核心能力上持续创新，推动实现数据中心在全生命周期内最大限度提升算力、节约资源、保护环境。同时，积极在数据中心建维管理方面不断探索实践，突破常规地面式数据中心的设计思维，首次提出并建成洞库式数据中心建筑模式，打造了高安全和高能效相统一的新型数据中心样本。

3. 以政策支持为导向，变政策红利为发展红利。贵州紧紧抓住建设数字经济发展创新区的新定位，聚焦打造面向全国的算力保障基地总体目标，制定实施了一系列支持数据中心集群化、智能化、绿色化发展的政策“工具包”，提速建设全国一体化算力网络国家枢纽节点，为“东数西算”工程筑牢“数字底座”，助力形成“数据中心飞地”及数据加工处理的“前店后厂”模式，成为实体产业绿色低碳转型升级和实现碳达峰碳中和的中坚力量。

【思考题】

1. 以数据中心为主的新型基础设施在实现碳达峰碳中和目标中承担什么角色以及如何进一步发挥作用?

2. 降低数据中心 PUE 的方法和途径有哪些?

推动产业优化升级

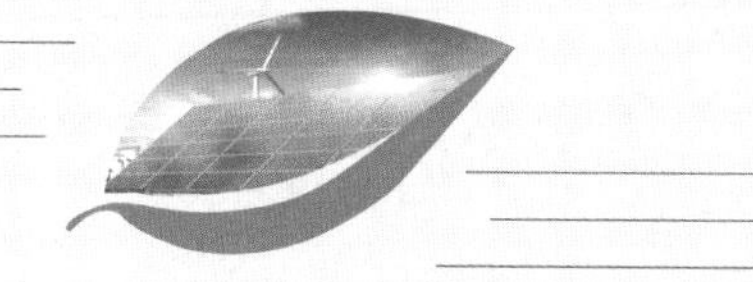

“五碳工程”探索建材行业绿色转型之路

——冀东水泥着力打造国际一流的低碳建材产业集团

【引言】2022年1月24日，习近平总书记在主持十九届中央政治局第三十六次集体学习时强调，要下大气力推动钢铁、有色、石化、化工、建材等传统产业优化升级，加快工业领域低碳工艺革新和数字化转型。大力发展循环经济，减少能源资源浪费。

【摘要】建材行业是国民经济和社会发展的重要基础产业，也是工业领域能源消耗和碳排放大户。唐山冀东水泥股份有限公司（以下简称“冀东水泥”）积极落实国家碳达峰碳中和工作要求，坚持创新驱动，依托新技术、新业态、新模式，有序实施源头控碳、工艺降碳、用能去碳、技术减碳、末端脱碳的“五碳工程”，推动低效产能减量置换，扩大非碳酸盐替代原料应用规模，加大可燃废弃物等替代燃料利用，加快推广应用节能降碳关键技术装备，通过数字化技术强化节能挖潜，全面推进水泥生产各环节节能降碳，走出了一条建材行业绿色发展的新路子。

【关键词】绿色工业　低碳发展　建材行业

一、背景情况

水泥行业一直是工业领域能源消耗大户和碳排放的主要行业之一。《2030年前碳达峰行动方案》《工业领域碳达峰实施方案》等文件均对建材行业特别是水泥行业碳减排工作提出了明确要求。冀东水泥是全国第三大水泥企业和全国最大的综合型建材企业之一，熟料年产能1.1亿吨，水泥年产能1.7亿吨。在“双碳”目标引领下，冀东水泥成立碳达峰碳中和工作领导小组，制定《碳达峰行动方案》《碳排放控制管理办法》等文件，围绕“稳步达峰、有序降碳、深度脱碳”发展战略，积极有序实施源头控碳、工艺降碳、用能去碳、技术减碳、末端脱碳的“五碳工程”，推动“低碳化、智能化、融合化、服务化”发展，产品能耗、碳排放强度持续下降。2022年，冀东水泥熟料单位产品综合能耗达到标杆以上的产能比例超过28%，单位产品碳排放强度较2020年降低了3.6%。

二、主要做法

（一）源头控碳

加快推动低效产能减量置换，建立了包括能效、碳排放、产品质量、超低排放在内的“绿色标尺”。截至2022年底，公司17条熟料生产线的产能置换已完成公示公告，平均置换比例1.2：1（已完成产能置换生产线 6 条），置换后新生产线能耗、碳排放强度均处行业领先水平，实现了源头控碳。如所属磐石公司置换后新建生产线熟料产品单位能耗比旧生产线下降 15% 以上。

（二）工艺降碳

加快推动原料替代，扩大非碳酸盐替代原料应用规模，全面科学评估低碳产品技术，积极开展高活性贝利特熟料、四元胶凝材料、固碳胶凝材料等低碳熟料、水泥产品的工业实验，推动新型低碳材料从实验室走向工程实践，提高固废综合利用比例，多措并举减少工业过程碳排放。“十三五”以来，冀东水泥年利用废渣总量超过 4000 万吨，低碳、无碳替代原料达到 30 余种，工艺过程与化石燃料燃烧碳排放同时降低。所属闻喜公司使用冶炼废渣等固体废物作为水泥制备原料，实际生产中 1 吨镁渣可节约 0.6 吨石灰石，1 吨钢渣可节约 0.46 吨石灰石。2022 年该公司累计使用镁渣 12.8 万吨、钢渣 4.3 万吨，实现了生产过程碳减排 4 万吨。所属鼎鑫公司、平泉公司分别开展了多固废原料生产高活性贝利特熟料及水泥工业实验和量产，实现了节能降碳的预期效果。与传统硅酸盐水泥熟料相比，烧成过程节约能耗 10% 左右，水泥熟料二氧化碳排放量可降低 5%—10%。

（三）用能去碳

加大替代燃料利用，推动可燃废弃物替代化石燃料用于生产。2022 年，冀东水泥累计使用各类替代燃料 230 万吨，节约标准煤约 60 万吨，降低二氧化碳排放超过 100 万吨；同时不断优化电力消费结构，2023 年消纳绿电 2.27 亿千瓦时。所属吉林环保公司自主研发了秸秆炭化制备富氢燃气等生物质替代燃料技术，2022 年，燃料替代率达到

30% 以上，每生产 1 吨熟料综合能耗降低 27 千克标准煤，少排放二氧化碳 74 千克，在行业内发挥了良好的引领示范作用。所属河北唐山启新公司建成了一套水泥窑协同处置生活垃圾焚烧发电系统，年减少外购电 2000 万千瓦时，相当于减少二氧化碳排放约 1.14 万吨。

启新公司水泥窑协同处置生活垃圾发电示范线

（四）技术减碳

冀东水泥加快推广应用节能降碳技术装备，通过提高篦冷机热回收效率、采用预热器降阻降耗等节能降碳技术装备，2022 年熟料综合能耗比 2020 年下降 6%，水泥综合能耗下降 5%。加快搭建数字化创新组织体系，挖掘节能提效潜力。2022 年，实施数字化场景应用的企业，每吨熟料综合能耗降低 2 千克标准煤，有效降低碳排放强度。所属铜川公司从整体设计、装备制造、建设安装、生产组织全流程贯彻数字化理念，五项能耗指标均达到一级能效水平，位于行业领先水平。

（五）末端脱碳

冀东水泥锚定"双碳"目标，持续增加研发投入，建设了具有自主知识产权的碳捕集与利用示范线，将水泥窑协同处置飞灰与碳捕集利用有机结合，年捕集二氧化碳 1500 吨作为处置飞灰的碳酸盐药剂，成功实现二氧化碳的回收再利用。当前，冀东水泥还在加紧建设 10 万吨 / 年水泥窑协同处置废弃物复杂烟气环境下二氧化碳捕集利用示范项目，探索适合水泥行业大规模应用的碳捕集利用与封存实现路径，积极打造"集碳固碳用碳标杆企业"。

三、经验启示

1. 系统谋划是绿色低碳发展的重要保障。冀东水泥坚决贯彻中央"双碳"战略决策，聚焦"双碳"战略目标，建立了较为完善的碳管理组织机构和管理机制，制定了低碳发展规划和碳达峰实施方案，明确了企业实现"双碳"目标的时间表、路线图，系统谋划指导了集团公司节能降碳、绿色发展等工作。

2. 推动全过程减碳是绿色低碳发展的有效举措。坚持系统观念，把绿色低碳理念贯穿于生产全流程、各环节，深挖源头、工艺、用能、技术、末端等节能降碳潜力，推动低效产能有序退出，降低生产过程碳排放，提高资源利用效率，采取二氧化碳捕集和利用等多种措施，有效减少碳排放。

3. 科技创新是绿色低碳发展的关键支撑。科技创新是推动实现水泥行业降碳的主要推动力。企业要主动发挥创新主体作用，持续加大科研投入，突破关键技术，推广适用技术，推进动力变革，在绿色低碳、智慧高效、节能减排等方面不断创新突破，不断提升行业技术研发水平，推动行业绿色低碳转型。

【思考题】

1. 水泥企业加快能源结构调整优化对未来水泥行业的发展能够产生哪些积极影响?

2. 如何抓住资源利用这个源头，进一步发挥水泥行业“无害化、资源化”利废的优势，实现循环经济助力降碳行动与水泥行业碳达峰行动协同?

抢抓新能源产业发展机遇 创建“世界绿色硅都”

——内蒙古包头市晶硅材料生产基地建设经验

【引言】2018年3月5日，习近平总书记在参加十三届全国人大一次会议内蒙古代表团审议时强调，要把现代能源经济这篇文章做好，紧跟世界能源技术革命新趋势，延长产业链条，提高能源资源综合利用效率。发挥国家向北开放重要桥头堡作用，优化资源要素配置和生产力空间布局，走集中集聚集约发展的路子，形成有竞争力的增长极。

【摘要】现代能源产业是锻造绿色低碳产业竞争新优势的重要内容。在碳达峰碳中和重大战略下，老工业基地内蒙古包头市充分利用资源能源禀赋和产业基础优势，抓住晶硅产业重新布局的机遇，优化营商环境，主动吸引龙头企业进驻，强化可再生能源对硅产业链的保障支撑，建设新能源装备制造基地，加强产业技术研发，增强产业配套协同，促进硅产业链不断健全，晶硅产业规模持续扩大，“世界绿色硅都”已经初具规模，老工业基地经济绿色低碳转型和高质量发展取得了显著成效。

【关键词】现代能源产业　老工业基地　硅产业链

一、背景情况

包头是国家重点建设的老工业基地、闻名遐迩的“草原钢城”“稀土之都”，是一座资源富集、门类齐全的现代化工业城市，也是能源消耗和碳排放大市。同时，包头风光资源丰富，风电可开发量达2540万千瓦，光伏可开发量达3060万千瓦。截至2022年底，包头新能源装机规模达到652.71万千瓦，年发电量达到144亿千瓦时。在“双碳”目标下，传统工业城市如何谋篇布局抓项目、定产业，成为包头必须面对的重大考验和巨大挑战。近两年，包头依托新能源和产业基础优势，抓住了晶硅产业重新布局的机遇，吸引通威、大全、协鑫、弘元、双良等12家头部企业落户，硅产业链不断健全，各环节产品产能不断扩大，基本形成工业硅—多晶硅料—单晶拉棒—切片—电池片—光伏组件完整的产业链。2022年，包头硅产业呈现井喷式发展，产值超千亿元，比2021年增长3倍，产业竞争力、影响力不断提升。

二、主要做法

（一）以“包头速度”确保项目进度

为了快速发展光伏装备产业，包头市持续优化“保姆式”服务，一面为企业找订单，一面搭建产业链，下大力气优化营商环境，打造“包你满意”“包你放心”的营商品牌，提出100项惠企政策，涵盖个人就业创业、人才政策和企业减税降费、项目申报等各方面，36项政务服务和公共服务事项“应放尽放”、政务服务平台“应进必进”。市委领导多次听取光伏产业企业负责人意见建议，为企业排忧解难。2022年，包头营商环境综合评估位居全区前列，工程项目报建审批、供热、市场监管等7项指标排名全区第一。通威一期项目一年投产，二期项目投产1个月后即达产达标达质，不断刷新着“包头速度”。截至2023年上半年，包头已经集聚了40多家光伏企业，多晶硅、单晶硅、切片产能分别达到87万吨、253吉瓦、106吉瓦，产值突破1000亿元。

（二）以绿色能源支撑产业发展

为支撑光伏产业绿色发展，包头大力发展可再生能源，为硅产业发展提供“绿色电、便宜电、可靠电”。截至2023年9月，新能源装机占全市装机容量的40.47%，新能源对产业的支撑力度不断加大。新批复硅产业配套绿色供电规模达到245万千瓦。即将投用的包风1、包风2两条500千伏新能源送电通道，每年可为重点产业园区输送260亿度绿电，“十四五”期间将建成两条新能源送电通道和4个500万千瓦新能源基地，为产业发展带来更加坚实的绿色能源支撑。

（三）以技术创新推动产业领先

加速创新链与产业链融合发展，对规上工业企业进行全面深入的科技体检，与中国科学院、浙江大学、西安交通大学科创中心等40余家科研院所、100余位科研专家开展产学研合作，成立“浙江大学—包头硅材料联合研究中心”，支持双良、大全、弘元、新特等头部企业设立研发中心，带动硅产业链技术水平持续提高。目前，包头市N型多晶硅料占全国25%，协鑫颗粒硅技术，弘元、晶澳等企业的金刚线切片技术，中清等企业的N型电池技术处于国内领先水平。

（四）以协同配套健全产业链发展

包头将“既求全、又求强”作为发展硅产业的基本原则，着力构建完整的产业链和产业生态，围绕光伏产业链上下游和配套产业开展精准招商，要求新落地项目工艺技术装备达到同行业先进水平、单位产品能耗达到国家能效标杆水平或先进标准，在光伏产业产值突飞猛进的同时实现能源资源利用水平大幅提升。包头已形成从工业硅到多

双良硅材料（包头）有限公司20GW单晶生产车间

晶硅、单晶硅，再到切片、电池片、组件的完整光伏产业链，并将进一步完善光伏玻璃、支架、边框、逆变器、金刚线等配套产业，确保光伏产业链各环节均有头部企业集聚，形成完整产业生态圈。

三、经验启示

1. 以“双碳”新机遇锻造新产业竞争优势。在碳达峰碳中和目标下，包头抢抓绿色低碳发展机遇，依托能源资源优势，加大绿电供应能力，提前布局发展光伏产业，率先建成千亿级光伏产业集群，实现从资源衰退期到产业再生期的跨越式转变，老工业基地调整改造产业转型升级工作成效明显。

2. 优化营商环境打造城市新增长极。将优化营商环境作为吸引产业落地的第一要素，全程为重点项目审批报建提供“一对一”“多对一”专业辅导和帮办代办服务，在工业园区设“政务服务工作站”，创新提出“留底退税质押 + 退税账户监管”贷款模式。在一系列的政策护航下，中清光伏包头基地一期仅历时 50 天就投产。在完善营商环境制度的同时，针对企业的个性化问题提出专门的解决方案，从而提高招商引资吸引力。同时，以更加完整的产业链条提升对企业的吸引力，形成良性循环。

3. 创新链与产业链融合发展打造技术领先优势。搭建产学研用创新平台，鼓励企业开展技术创新与研发，组建“科技特派员”队伍，开展校企合作和技术转化，解决单晶硅炉恒温化等一系列技术难题。引进 N 型多晶硅料、颗粒硅、金刚线切片、N 型电池等先进生产技术，持续保持引领行业前沿的技术优势。围绕优势产业打造产业链，推进上下游产业和配套产业的集聚融合，以点带面带动产业快速发展。

【思考题】

1. 如何结合老工业基地转型升级工作推动新能源装备制造基地建设，进一步提升光伏产业链水平?

2. 如何进一步发挥地区资源禀赋，提高新能源装备制造行业绿色电力使用比例?

3. 如何进一步发挥现有产业集聚度和技术优势，参与制定全国光伏制造行业绿色制造相关标准?

炼油化工行业节能降碳工作方法创新

——辽阳石化炼化行业节能降碳路径与经验

【引言】2023 年 10 月 10 日，习近平总书记在江西九江考察时强调，要坚持源头管控、全过程减污降碳，大力推进数智化改造、绿色化转型，打造世界领先的绿色智能炼化企业。

【摘要】石油炼化碳减排是工业减排的重点所在，也是难点所在。辽阳石化公司积极融入国家“双碳”战略，主动探索炼化行业碳减排路径，公司设立专门工作组，明确各方责任，建立监测评估体系，将节能降碳要求纳入企业战略。通过数字化管理平台，公司实时监控各生产环节的能源消耗和碳排放，精准识别重点环节。针对性地实施能源结构优化、节能改造等措施，实现源头和过程降碳。强调创新发展，持续推进技术进步，优化用能结构，走出了一条清洁低碳发展与经济效益双赢的新路子。

【关键词】石油炼化　智能降碳　节能改造

一、背景情况

炼化行业是高耗能高排放行业。辽阳石化公司是中国石油天然气股份有限公司下属的地区分公司，炼油年加工能力900万吨、芳烃生产能力330万吨、乙烯生产能力20万吨，是重要的原油加工企业和芳烃生产基地。2021年，辽阳石化公司将“双碳”目标要求融入企业经营活动，提出“源头减碳、过程降碳、尾端固碳”工作思路，做强存量与做优增量并举，推动能源高效利用、促进能源结构清洁化、强化绿色低碳科技创新，在30万吨/年聚丙烯等装置增开的基础上实现了能耗及碳排放双下降。2022年，能源消耗总量213.6万吨标准煤，原煤消耗103万吨，碳排放总量676万吨，较2020年分别下降1.6%、18.9%、4.5%。

二、主要做法

（一）发挥组织优势，推动“双碳”工作有序开展

辽阳石化公司高度重视“双碳”工作，明确了四个方面的管理制度，确保各项工作落地落实。一是统筹规划，设立由多专业组成的“双碳”工作组，负责组织研究并制定节能降碳目标，确保与国家及集团公司战略目标相一致；二是明确分工，压实各级管理层和相关部门的责任，厘清各岗位权责边界；三是强力推进，建立完善的节能降碳监测与评估体系，定期监测碳排放情况，评估节能效果，系统推动各项措施的实施；四是强化考核，将节能降碳要求纳入企业整体发展战略，将相关指标完成情况作为有关部门及责任人考核的重要内容，确保工作任务落实落地。

（二）强化数据分析管理，锁定节能降碳重点环节

以智能价值链、智能产品链、智能资产链、智能创新链为主线，建设了数字化管理平台，覆盖了经营管控、计划调度、生产管控、工艺技术分析、能源管控、安全环保、设备管控和协同共享 8 个一级场景和 22 个二级场景，实时监控各生产环节的能源消耗及碳排放情况，精准识别节能降碳重点环节，有针对性地提出整改措施，并对整改后效果进行评估，持续优化各环节运行参数。

（三）优化用能结构，实现源头减碳

针对自备电厂发电效率低、能效水平低的问题，按照以热定电原则压减自备电厂负荷，自备电厂主要用于热力供应。2022 年在耗电总量持平情况下压减外购电 3.7 亿千瓦时，减少煤炭消耗 18 万吨，公司用电碳排放水平下降 2.05 吨二氧化碳 / 万千瓦时。大力推动终端电能替代，2020—2022 年累计实施电伴热替代蒸汽伴热改造 35 千米，改造后年节能 5200 吨标准煤，相当于减少二氧化碳排放 1.3 万吨。优化用电结构，截至 2023 年 8 月，购买绿电 5490 万千瓦时，绿证载明的减碳量为 4.78 万吨。

（四）推进节能改造，实现过程降碳

大力实施节能改造，不断提升能源利用效率。对标国家能效标杆水平，实施鼓风机、取水泵、加热炉等重点用能设备升级改造，改造后设备能效提升 5% 以上，实现年节能 1.1 万吨标准煤，相当于减少二氧化碳排放 2.7 万吨。实施供（换）热系统优化改造，推进蒸汽网线互联互通，更换高效换热装备，降低散热损失 30%，实现年节能 1.24 万吨标准煤，

相当于减少二氧化碳排放 3 万吨。实施工艺系统能效提升改造，通过实施压缩机组防喘振系统优化、循环水场负荷匹配优化、胺液系统减量优化、催化裂化装置 MIP 改造等能效提升改造项目，催化裂化装置能耗由 44.55 千克标油 / 吨降至 42.31 千克标油 / 吨，实现年节能 1.74 万吨标准煤，相当于减少二氧化碳排放 4.3 万吨。实施余热循环利用改造，利用芳烃低温余热发电，以循环热水为载体，实现芳烃装置低温热量有效集成，实现年节能 4.51 万吨标准煤，相当于减少二氧化碳排放 11 万吨。

辽阳石化 200 万吨 / 年加氢精制装置

三、经验启示

1. 发挥节能降碳指挥棒作用。“双碳”战略部署对炼化企业绿色低碳发展提出了全新要求，建立科学工作机制、树立鲜明导向尤为重要。

实践中要将后评价与考核机制有机结合，制定明确的节能降碳目标，建立严格的考核制度，通过价值观引导、榜样示范激发员工积极性，强化精准奖惩、压实责任来调动员工主动性，形成思想统一、路径明确、力量凝聚、自我提升的低碳发展氛围。

2. 强化数字化管理平台优势。“双碳”工作具有系统性、复杂性，提升能源管控数字化水平是炼化企业绿色低碳发展的必要手段。从能源计量器具配置率及准确性这个关键环节入手，深入推进可视化、智能化，搭建精准节能降碳的能源管控平台，可快速定位并量化工序碳排放，实现数据互通、信息共享、效率提升。

3. 技术更新改造是炼化企业清洁低碳转型的现实举措。始终坚持节能是“第一能源”的发展理念，坚持利用科技破解绿色低碳发展过程中的难题，积极采用高效超净加热炉、永磁调速等先进技术，持续推进用能设备终端电气化，通过一系列新技术应用深挖节能潜力，实现用能结构调整优化，减少了能源消耗与碳排放量。

【思考题】

1. 基于炼化企业能源结构及碳排放构成，如何以最低的成本实现最大的减排效果?

2. 如何进一步开展炼化企业节能降碳工作?

以“双碳”目标引领“两先区”绿色转型

——辽宁大连市推进碳达峰碳中和典型案例

【引言】2023年9月7日，习近平总书记在主持召开新时代推动东北全面振兴座谈会时指出，要以科技创新推动产业创新，加快构建具有东北特色优势的现代化产业体系。推动东北全面振兴，根基在实体经济，关键在科技创新，方向是产业升级。

【摘要】大连市牢记习近平总书记嘱托，瞄准产业结构优化先导区和经济社会发展先行区建设目标要求，坚持以“双碳”工作为引领，围绕解决产业结构偏重、能源结构偏煤、能耗水平偏高等问题，大力推动石化化工产业绿色转型，促进产业提质增效，加快开发清洁能源，促进能源绿色低碳转型，实施节能降碳挖潜增效，强化工业过程降碳，为实现“双碳”目标贡献智慧和力量。

【关键词】产业结构优化　清洁能源　节能挖潜增效

一、背景情况

大连是国家重要的石油炼化基地和化工产业基地之一。近年来，大连石化产业快速发展，已形成较为雄厚的产业基础，成为经济社会发展的重要支柱，但也存在能源消费量大、利用效率低、碳排放水平高等问题。2022 年，全年地区生产总值 8430.9 亿元，规模以上工业增加值同比增长 5.1%，其中石化工业增加值同比增长 13.3%，占规上工业比重的 44%，但也消耗了全社会 52.2% 的能源。随着新型城镇化建设的持续推进，大连能源需求刚性增长。在“双碳”背景下，大连如何统筹发展和减排，推动经济社会发展全面绿色转型任务艰巨。近年来，大连着力推进发展方式绿色低碳转型，推动解决产业结构偏重、能源结构偏煤、能耗和碳排放偏高等问题，走出了一条具有地方特色的绿色低碳发展之路。

二、主要做法

（一）把石化化工产业绿色转型作为主攻方向

一是制定《大连市石化化工行业碳达峰实施方案》，提出了调整产业结构、调节原料结构、优化用能结构、提高能效水平、增加捕集利用等五项降碳措施。二是印发《大连市精细化工产业高质量发展实施方案》《大连市精细化工产业发展指导目录》，推动石化产业向高端精细化方向发展，将松木岛化工产业开发区打造为精细化工企业在北方地区产业布局的重要承接地。三是构建绿色低碳技术创新平台，支持中国科学院大连化学物理研究所建设能源催化转化全国重点实验室。以“政产学研用金”紧密融合的运营模式，引进大连理工大学、中国科学院大连化学物理研究所两个省级共性技术创新中心落户长兴岛，配套建设洁净能源和精细化工中试基地，打造完整的科技成果转化链。依托市科技人才专项基金支持了40多个杰出青年科技人才和优秀创新团队。

大连长兴岛绿色石化产业集群

（二）把开发清洁能源作为重要路径

一是成立工作专班靠前监督。成立了由市政府分管副市长担任总召集人的项目专班，召集多部门联合研究解决了瓦房店和普兰店陆上风电、庄河海上风电、庄河核电等项目用地、用海及居民动迁等问题。截至2023年10月，全市已建成海上风电装机容量105万千瓦，陆上风电装机容量77万千瓦，光伏发电装机容量53.2万千瓦；庄河核电项目成功纳入国家重大用地保障项目。二是建立项目推进绿色通道。相关职能部门采用“信用承诺+容缺办理”“并联+串联”审批模式推进各专题审批（查），通过事项合并、材料精简、减少审批环节、压减审批时间、优化审批服务流程等措施，确保项目所有审批手续在规定时限内完成。辽宁庄河抽水蓄能电站项目从启动可研到完成核准仅用时一年三个月。三是强化风电、光伏发电消纳保障。出台了《关于促进储能产业发展的实施意见》，鼓励全钒液流电池储能技术与风电、光伏等可再生能源利用相结合的系统应用开发。应用自主研发的全钒液流电池储能技术，建成化学储能调峰电站。截至 2022 年底，大连非化石能源发电装机占比 59.8%，非化石能源发电量占比 72.0%，分别比全国平均水平高 10.2 个百分点和 35.8 个百分点。

（三）把节能挖潜增效作为过程降碳的重要举措

印发《大连市“十四五”节能挖潜工作方案》，通过调整产业结构、严格法规标准约束、优化能源结构、推进节能改造等举措促进节能挖潜增效。一是调整产业结构。严格落实《大连市中心城区工业企业高质量发展的指导意见》，推进中心城区高耗能、高排放企业搬迁改造和转型升级，市政府和中石油集团签署了大连石化搬迁改造项目合作框架协议，启动了大船集团搬迁项目，关停了 1 条日产水泥熟料 4000 吨的生产线。二是严格法规标准约束。严格执行超低排放标准，“一炉一策”推动燃煤锅炉整治，完成辽渔集团自备电厂和东海热电厂关停工作。三是优化能源结构。实施“冬病夏治”，发挥煤电机组和大型热源厂供热能力，推动热源周边燃煤锅炉拆炉并网。积极稳妥推进红沿河核能供热项目。制定出台清洁取暖补助办法，对清洁取暖补助适用范围、资金来源、补助标准、项目归口单位、审核拨付程序等内容予以明确。四是实施节能改造。组织开展重点用能单位节能挖潜工作，对 86 家重点用能单位“一企一策”逐一诊断，实施了 160

余项节能技改项目，节能量超过200万吨标准煤。“十四五”前两年，大连全社会能耗总量下降约2%，能耗强度下降约13%。

三、经验启示

1. 石化化工产业绿色转型是实现“双碳”目标的必然要求。大连认真贯彻落实国家重大战略，重点打造用地集约、技术领先、拥有自主知识产权、高产值、高附加值、技术符合国家产业发展方向的万亿级绿色石化和精细化工产业集群，打通从石油到精细化工的黄金产业链。

2. 清洁能源是实现“双碳”目标的关键路径。大力发展清洁能源是实现国家和区域能源安全和能源保障的必然选择。大连依托风、光、核、滩涂光伏等丰富的可再生能源资源，大力发展清洁能源，构建了清洁低碳安全高效的现代能源体系。

3. 节能增效是实现“双碳”目标的关键举措。节能增效是破解目前能源供需矛盾的有效途径，是优化能源消费存量、从源头减少碳排放的重要手段。大连强化节能挖潜增效四项措施，为绿色低碳发展腾出用能空间，实现了经济发展与节能降耗的同频共振。

【思考题】

1. 在推动“双碳”工作中，如何实现经济转型和结构优化，促进经济社会可持续发展?

2. 如何推动低附加值、高耗能、高排放、资源高度依赖型产业绿色低碳转型升级?

推进绿色低碳转型　构建绿色制造体系

——中国一汽绿色低碳转型发展实践

【引言】2020 年 7 月 23 日，习近平总书记在吉林考察一汽集团时强调，推动我国汽车制造业高质量发展，必须加强关键核心技术和关键零部件的自主研发，实现技术自立自强，做强做大民族品牌。当今世界制造业竞争激烈，要抢抓机遇，大力发展战略性新兴产业，实现弯道超车。

【摘要】中国一汽锚定碳达峰碳中和目标愿景，成立集团级碳达峰碳中和管理委员会，制定企业碳达峰行动方案和碳中和战略计划，明确节能减碳重点领域和实现路径，有序推进清洁能源应用，强化能源管理，推进节能减碳技术改造，持续提高资源能源利用效率，扩大绿色低碳产品供给，建立一汽碳排放核算体系，着力构建绿色制造体系，加快企业绿色低碳转型和高质量发展，探索出了一条中国汽车产业绿色低碳发展之路。

【关键词】汽车行业　低碳转型　绿色制造

一、背景情况

据中国工业经济联合会统计，我国道路交通二氧化碳排放量约占全国的7%。随着汽车保有量的提升，我国交通领域碳排放压力将持续增加，推进汽车行业绿色低碳转型势在必行。2020年7月23日，习近平总书记视察一汽并发表重要讲话，充分肯定了一汽的工作。三年多来，中国一汽牢记习近平总书记“掌控关键核心技术”“树立民族汽车品牌”“打造世界一流企业”的殷切嘱托，扛稳“新中国汽车工业长子”的职责使命，深入贯彻落实国家“双碳”重大决策部署，坚定战略、主动作为，提前谋划、防控风险，扎实推进企业转型升级和绿色低碳发展，奋力开创了新时代中国汽车产业转型发展的新道路。

二、主要做法

（一）统筹谋划企业高质量发展路径

成立中国一汽碳达峰碳中和管理委员会，下设领导小组和7个专项工作小组，依据自身实际，从产品全生命周期出发，提出符合实际、切实可行的“双碳”工作时间表和路线图。2022年，中国一汽发布碳达峰行动方案及碳中和战略规划，以能源消耗强度和碳排放强度持续下降为目标，聚焦总体规划、产品管理、技术管理、工程管理、能源管理、供应管理、生态管理七大领域，提出产品电动化、生产低碳化、能源绿色化、供应链可持续管理和回收、绿色金融与投资五大路径，分阶段推进企业节能降碳。

（二）稳步提升清洁能源利用水平

坚持多能并举，充分利用厂房屋顶、停车场等空间，推进新能源发电项目建设。截至2022年底，累计建成光伏电站装机16.8万千瓦，年发电量1.85亿千瓦时，降碳10.76万吨。积极参与绿电交易，不断增加风电、核电等清洁电力使用比例，2022年使用绿电5.26亿千瓦时，降碳30.56万吨。持续利用生物质燃料，积极探索热力消费清洁转型，2022年生物质燃料用量达3.43万吨，同比增长136.74%。

（三）积极推进能源节约集约利用

一是全面提升用能管理能力。推进节能管理精细化，编制能源管理水平评价细则，涵盖30类指标、73项评价内容。组织实施能源管理

中国一汽智能生产车间

评价，推进问题闭环整改。二是持续开展节能降碳技术改造。对标汽车行业能效标杆水平，组织实施重点领域节能降碳项目，建立项目管理月—季—年考核评价循环工作机制，推动项目落地见效。2022 年投资 2.78 亿元，实施 61 个节能技术改造项目，节能量达到 7.88 万吨标准煤。

（四）持续加大绿色低碳产品供给

构建从基础原材料到终端消费品全链条的绿色产品供给体系，运用绿色设计方法与工具，开发推广高性能、高质量、轻量化、低碳环保车型。2023 年发布红旗品牌“All in”新能源战略，推动全车型的电动化。目前，除特殊用途车型外，红旗品牌已经停止传统燃油车技术和产能的新增投入，将技术创新投入和新增产能全部用于新能源汽车。坚持共创共享，积极打造新能源汽车创新链、消费链，联合吉林省政府开展“旗 E 春城　旗动吉林”项目，打造新能源汽车出行服务绿色产业生态，在吉林上线运营红旗品牌换电车型 2 万多台，建成并运营换电站 119 座，折合降碳 260 余万吨 / 年。

（五）不断强化绿色低碳能力建设

探索开展汽车工艺碳排放管理，建立完整、清晰、准确的碳排放核算体系。开展工艺碳排放核算方法研究，深入探究整车生产、零部件制造工艺及发电工艺全过程，综合考虑原辅材料成分及废气处理工艺效率等因素，建立覆盖 8 类 15 项工艺环节、具有中国一汽特色的碳排放核算标准，编制形成《中国一汽碳排放核查指导手册》，全方位提升碳排放统计核算能力。

三、经验启示

1. 践行责任，勇于担当，争做汽车行业绿色引领者。中国一汽认真贯彻落实习近平总书记视察一汽重要讲话精神和中央重要决策部署，牢记习近平总书记“掌控关键核心技术、树立民族汽车品牌、打造世界一流企业”的殷殷嘱托，下定决心、坚定信心，努力探索一条绿色低（零）碳发展的新道路。

2. 科学核算，摸清家底，有力夯实碳排放数据基础。全面盘查企业碳排放现状，创新研究汽车工艺碳排放核算方法。明确核查边界、统一核算方法、建立核查机制，对60余家重点单位全面开展碳排放核查，识别各单位排放关键点，抓准降碳工作着力点，以精准数据支撑减排决策，为企业碳达峰碳中和战略制定和落实提供坚实基础。

3. 指标约束，体系保障，有效推动碳管理责任落实。建立导向清晰、目标明确、执行有力、衔接有序的碳排放管理体系，不断健全完善以责任制为核心的能源管理制度体系，细化责任分工，强化监督考核，确保责任落实到位、目标管理到位、措施执行到位。

【思考题】

1. 如何建立企业内部统筹管理产品全生命周期的碳排放管理体系?

2. 如何将降碳要求有力传导至产品上游供应链及产品下游使用端?

绿色低碳转型助力煤化工行业高质量发展

——河南心连心集团绿色低碳发展案例

【引言】2021年9月13日，习近平总书记在陕西榆林考察时强调，煤化工产业潜力巨大、大有前途，要提高煤炭作为化工原料的综合利用效能，促进煤化工产业高端化、多元化、低碳化发展，把加强科技创新作为最紧迫任务，加快关键核心技术攻关，积极发展煤基特种燃料、煤基生物可降解材料等。

【摘要】为贯彻落实碳达峰碳中和战略决策，河南心连心化学工业集团股份有限公司（以下简称"心连心集团"）秉持绿色低碳发展理念，把绿色低碳转型放在更加重要的位置，坚持"以肥为基、肥化并举"发展战略，持续修炼"内功"激发活力，通过实施洁净煤化工工艺升级、节能降碳技术改造、碳捕集利用等措施，持续推动源头控碳、过程降碳和末端固碳，不断提高企业核心竞争力和可持续发展能力，用最少的资源创造最大的经济社会价值，实现绿色低碳转型发展。

【关键词】煤化工　碳捕集利用　全过程管理

一、背景情况

近十多年来，我国现代煤化工产业经过工业示范、升级示范两个发展阶段，产业规模稳步增长，能效水平显著提升。当前，我国经济已全面进入高质量发展新时期，煤化工行业亟须加快转型升级，持续提质增效，为经济社会发展提供更优质、更环保、更低碳的化工产品，积极参与全球化工品及下游制造业领域市场竞争。心连心集团积极响应国家和河南省绿色低碳转型战略号召，实施生产工艺转型升级、产品结构调整、先进节能技术应用、碳捕集回收利用和光伏发电等项目，积极应对煤化工行业面临的挑战。2022 年主营产品合成氨产量 265 万吨、尿素产量 333 万吨，均居全国氮肥企业产量第一名，为国家化肥保供作出了重要贡献。2022 年合成氨单位产品能耗 1175 千克标准煤/吨，已连续 12 年成为全国合成氨行业能效“领跑者”标杆企业，甲醇单位产品能耗 1269 千克标准煤 / 吨。

二、主要做法

（一）牢固树立绿色低碳发展理念

坚持将绿色低碳发展贯穿于企业生产经营管理全过程、全链条、全领域，强化组织保障，加强体系建设，完善管理制度。

一是加强组织领导。成立由总经理任组长的集团级节能减排降碳工作领导小组，实行三级能源管理架构，统筹推进节能减排降碳工作。设立碳达峰碳中和研究所，积极探索碳达峰碳中和路径。心连心集团成功入选河南省首批碳达峰试点企业。

河南省心连心集团远景

二是强化节能降碳目标绩效考核。坚持实施节能目标责任评价考核，年度签订节能目标责任书，月度实行能效“领跑者”对标制度和能耗绩效考核制度，将能效指标完成情况直接与月度绩效及年终奖金挂钩。

三是注重全员参与。实施全面质量管理（QC）攻关，集中优势力量开展攻坚活动，每年开展攻关课题上百项，发放奖励500余万元，引导广大职工节能降碳。

（二）持续推动源头控碳

不断优化升级生产工艺，提升煤炭消费原料化水平，调整能源消费结构，努力从生产源头减少二氧化碳排放。

一是大力实施煤气化工艺升级，向生产工艺要降碳量。实现固定床间歇式气化技术全淘汰，全部采用水煤浆气化先进生产工艺，实现连续制气，原料煤转化效率由84%提升到99%以上，每年可节约8.4万吨标准煤，减少二氧化碳排放21.8万吨。

二是探索绿氢耦合，向含碳化工产品要降碳量。探索通过绿电电解水制绿氢与合成氨生产线耦合产出绿氨，在保持合成氨生产规模不变情况下，年可减少二氧化碳排放约 1 万吨。实施延链补链强链行动，建设年产 12 万吨三聚氰胺、30 万吨有机胺、80 万吨二甲醚等高附加值精细化工重点项目，实现年增加固碳量约 250 万吨。

三是加快能源消费结构调整，向绿色能源要降碳量。利用屋顶资源建设光伏发电设施，计划投入 1.3 亿元建成 34 兆瓦“绿色发电厂”，其中一期 9 兆瓦分布式光伏发电项目已全容量并网发电，年发电量约 1000 万千瓦时，可节约标准煤 3000 吨，减排二氧化碳 7800 吨。

（三）持续推进过程降碳

充分发挥集团国家级技术研究中心、院士工作站、博士后科研工作站等技术研发平台优势，强化节能低碳技术应用。

一是注重辐射带动园区整体节能降碳。统筹公司所在化工园区各企业蒸汽需求，新建两台 220 吨 / 时高压煤粉炉替代原来小容量、低效率循环流化床锅炉，使锅炉运行周期延长 2 倍以上，整体效率提高 3% 左右，可实现园区年节煤量 1.5 万吨、二氧化碳减排量 4.4 万吨，既为园区企业提供了可靠稳定的蒸汽来源，又有效降低了用汽成本。牵头实施园区余热余压回收利用工程，充分利用园区内各生产装置尾气余热资源，建立园区新的物料及热量平衡，其中仅将合成氨生产系统低压尾气送至复合肥替代燃料一项措施，即可回收利用燃料气折标准煤约 6000 吨。

二是积极采用先进适用节能降碳技术。实施可控移热变换炉项目改造，采用“相变移热等温变换”技术，对水煤浆加压气化变换流程实施节能改造，降低系统阻力，提高变换装置整体产能，同时副产 2.5

兆帕蒸汽，年可节能1.4万吨标准煤。实施有机朗肯循环发电、轴流泵发电等技改项目，回收利用尿素高温调节水、低温甲醇洗热再生塔塔顶甲醇混合蒸汽及循环水回水等系统的低品位余热余压，实现节电量1000万千瓦时/年以上，节约能源成本近700万元/年。

（四）持续推动末端固碳

既从企业生产末端排放着手有效捕集利用二氧化碳，又从终端产品效果提升着手尽量减少由于产品使用产生的二氧化碳排放。

一是实施碳捕集回收利用项目。采用“热泵精馏”和“斜塔精馏”双塔精馏工艺，对合成氨生产系统排放的二氧化碳进行分离、提纯，分别生产工业级、食品级和电子级二氧化碳。自2016年项目建成以来，累计捕集回收二氧化碳200万吨，创造经济效益超4亿元。

二是研发高效化肥产品。通过多年研究和试验，采用脲酶抑制剂技术研发出“超控士”品牌高效化肥产品，在减少施肥量20%的情况下，能让农作物增产10%左右，同时能抑制氨挥发50%以上，有效减少温室气体排放。

三、经验启示

1.优秀的人才是做好绿色低碳转型的重要支撑。优秀的专业人才是企业实现绿色低碳转型的关键要素之一。心连心集团利用各类技术研发平台，加大节能降碳成效奖励力度，充分发挥1000余名工程师及以上技术人员的专业优势，同时持续推进全员质量管理，在实践中不断培养人才、起用人才，充分调动优秀人才的主动性、自觉性和自豪感，为绿色低碳转型提供了源源不断的动力和支撑。

2. 紧跟政策导向是做好绿色低碳转型的重要基础。国家政策明确了行业发展目标，提供了行业高质量发展的具体措施和实现路径，是行业发展的“指路灯”。心连心集团通过快速响应政策要求，持续推进生产工艺优化升级，加大节能降碳技术改造，不仅实现能效持续提升，二氧化碳排放持续减少，而且收获业界及社会友好口碑，创造了良好的经济社会效益。

3. 全过程管理是深化节能降碳的重要抓手。节能降碳已进入攻坚期、深水区，单纯依靠某一项节能降碳措施已难以实现小投入、高收益，需要树立系统性节能降碳思维。心连心集团立足实际，源头控碳、过程降碳、末端固碳，积极为行业发展探索全过程、全流程节能降碳路径，走出了一条具有心连心集团特色的煤化工行业高质量发展之路。

【思考题】

1. 现代煤化工行业绿色高质量发展的路径有哪些?

2. 现代煤化工行业提升绿色低碳发展水平，政府、企业如何形成合力?

找准“五大抓手” 锻造绿色低碳钢企

——广西柳州钢铁集团有限公司推动企业绿色低碳转型实践

【引言】2022 年 4 月 21 日，习近平总书记在给北京科技大学老教授的回信中强调，要促进钢铁产业创新发展、绿色低碳发展，为铸就科技强国、制造强国的钢铁脊梁作出新的更大的贡献。

【摘要】钢铁行业绿色低碳转型对于实现碳达峰碳中和目标具有重要意义。广西柳州钢铁集团有限公司（以下简称“柳钢集团”）积极承担社会责任，紧扣高质量发展主线，以规划引领、科技投入、极致能效、循环经济、清洁能源为“五大抓手”，成立碳达峰碳中和工作领导小组，统筹谋划集团“双碳”工作；完善科技奖励政策，加强科技投入；从管理、技术节能等方面狠抓节能减碳，追求极致能效；通过产业间资源能源循环利用助力协同降碳，持续优化能源消费结构，推动实现清洁低碳安全高效生产。2022 年柳钢集团柳州本部基地吨钢综合能耗 552.85 千克标准煤、吨钢二氧化碳排放 1.65 吨，分别比 2020 年下降了 19.22 千克标准煤和 0.14 吨碳排放，节能降碳成效明显。

【关键词】柳州钢铁　极致能效　绿色低碳

一、背景情况

钢铁行业是国民经济的基础性、支柱型产业，是关乎工业稳定增长、经济平稳运行的重要领域，也是能源消耗和碳排放的重要领域。2022 年，我国粗钢产量 10.18 亿吨，占全球粗钢产量的 54%，钢铁工业碳排放量约占全国碳排放的 15%—16%。经过 65 年发展，柳钢集团构建形成了“一中心多基地多业态”的发展新格局，成为全球 50 强钢铁企业、中国 500 强企业。柳钢集团粗钢产量 1821 万吨，居世界钢产量排名第 19 位。近年来，柳钢集团把国家“双碳”战略作为践行新发展理念、推动产业转型升级、实现高质量发展的重大机遇，构建高效协同的工作推进机制，持续加大科技创新力度，坚定不移推动传统产业高端化、智能化、绿色化。

二、主要做法

（一）强化规划引领，统筹推进企业“双碳”工作

柳钢集团成立碳达峰碳中和工作领导小组，编制发布《柳钢集团碳达峰碳中和发展规划》，建立以“提高碳生产率”为中心的低碳发展体系，突出“柳州本部基地——极致用能钢化联产”“防城港钢铁基地——风光绿电高效应用”“玉林中金不锈钢基地——绿色产品协同降碳”特色，构建减污降碳协同全生态圈。通过实施碳达峰、稳步降碳、

深度脱碳、碳中和四个阶段，有序推进结构调整工艺降碳、技术优化极致能效、风光绿电钢化联产、绿色循环协同降碳、流程再造低碳物流、科技创新低碳引领六大绿色低碳发展重点任务，打造成了全产业链减污降碳协同治理标杆企业和全能源介质钢化联产集成示范企业。

（二）加大科技投入，激发高质量发展新动能

柳钢集团深化产学研用协同创新发展机制，出台科技项目“揭榜挂帅”、科技成果转化、科技表彰奖励等10余项制度，持续加大科技投入，每年科技激励奖励金额超1000万元，激发科技人员创新活力。近两年研发投入35.81亿元，用于无取向硅钢、高强汽车用钢、耐蚀钢等新产品研发，累计申请专利222件，授权140件，其中发明专利41件。科技项目“高质量长材绿色制造关键技术研发与应用”实现了高速棒材热轧带肋钢筋的低成本绿色制造，硅锰合金用量及电耗分别降低11705吨/年、4600万度/年，获得2022年度广西科技进步二等奖。品种钢比例由2022年初的15%提升至当前的32.6%，产品结构不断优化，较普通产品多创效益1.69亿元。

（三）狠抓节能降碳，追求极致能效

聚焦极致能效目标，柳钢集团从管理节能、技术节能等方面对标找差，深入开展节能挖潜。管理节能方面，投资2168万元改造升级能源管控中心系统，实现对能源生产使用的实时信息化监控，2022年防城港钢铁基地减少的煤气放散量和增加的转炉煤气回收量合计约5.55万吨标准煤。技术节能方面，深入研究钢铁行业极致能效技术，积极应用高炉顶燃式格子砖热风炉、焦炉上升管荒煤气余热回收等先进节能降碳技术。2021年以来，有序安排柳州本部2号、5号、4号和3号

柳钢集团防城港钢铁基地冷轧镀锌产品生产线

高炉实施节能降碳改造。以4号高炉为例，改造后的单位产品能耗由415千克标准煤/吨降至369千克标准煤/吨，达到国内同类型高炉领先水平，获评中国钢铁工业协会2022年度全国重点大型耗能钢铁生产设备节能降耗对标竞赛“优胜炉”。

（四）大力发展循环经济，跨行业多路径协同降碳

在废钢循环利用方面，建立全流程废钢管理与加工配送生产体系，开展废钢铁的回收、加工和利用业务，推动转炉增加废钢使用量，降低铁钢比，实现低铁水冶炼。2022年废钢使用量280.27万吨，可减少二氧化碳排放约448万吨。在固废资源综合利用方面，2022年柳钢集团资源化利用水渣生产销售矿渣微粉361万吨，联合其他水泥企业、粉磨站协同处置水渣159万吨，外销转炉渣尾渣系列产品186万吨。此外，充分利用焦化厂脱硫脱硝的余热资源生产生活用热水，2022年累计销售热水9.1万吨。

（五）优化能源消费结构，构建绿色生产方式

能源绿色低碳发展在“双碳”工作中具有基础性和关键性地位，柳钢集团致力于构建清洁低碳安全高效的能源消费体系，近年来积极消纳核电、绿电等非化石能源。2023年上半年，防城港钢铁基地购买绿电10562万千瓦时，占外购电比例超33%；柳州本部基地外购电69917万千瓦时，全部为核电。大力发展可再生能源，加快建设分布式光伏发电项目，预计“十四五”末总装机容量可达305兆瓦，年平均发电量26230万千瓦时，可年节约标准煤7.63万吨、减排二氧化碳13.83万吨。

三、经验启示

1. 科学谋划是企业做好“双碳”工作的前提。科学清晰的顶层设计是企业实现“双碳”目标的行动纲领，是推进企业生产方式绿色转型的关键举措，是传统钢铁行业转型升级的必由之路。柳钢集团高度重视体制机制建设，及时制定《柳钢集团碳达峰碳中和发展规划》，明确目标、压实责任，扎实有序推进各项重点任务。

2. 技术创新是企业做好“双碳”工作的根本。科技创新对实现碳达峰碳中和目标具有关键支撑作用。钢铁行业节能降碳潜力巨大，必须大力推进科技创新。柳钢集团重点加强钢铁行业极致能效技术推广应用，大力发展循环经济，对标行业头部企业，积极应用先进节能低碳技术，能源利用效率得到显著提升。

3. 优化能源消费结构是企业做好“双碳”工作的关键。加大清洁低碳能源消纳和布局，减少化石能源消费，有利于企业节能减排，同时降低企业用电成本，促进产品绿色低碳化。柳钢集团积极争取使用

清洁电力，绿色能源的使用占比不断扩大，为钢铁企业的绿色低碳之路指明了新方向。

【思考题】

1. 钢铁企业可采取哪些措施助力“双碳”目标实现?

2. 政府主管部门应如何在制度建设和政策体系支撑方面推动钢铁企业低碳转型?

提升城乡建设绿色低碳发展质量

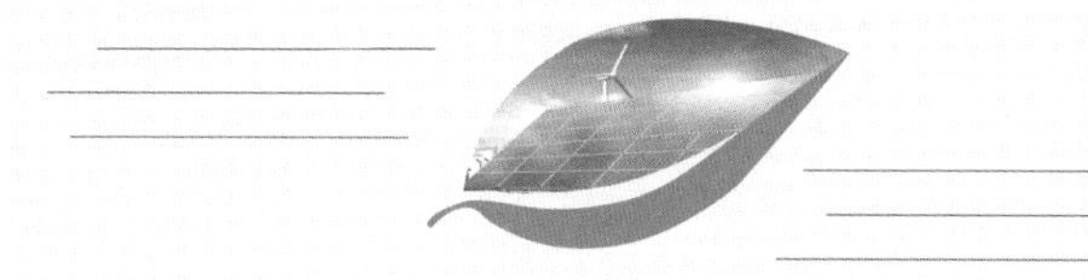

创新绿色建筑全生命周期管理体制 打造“双碳”先行示范

——中新天津生态城国家绿色建筑基地建设经验

【引言】2013 年 5 月，习近平总书记在中新天津生态城考察时指出，生态城要兼顾好先进性、高端化和能复制、可推广两个方面，在体现人与人、人与经济活动、人与环境和谐共存等方面作出有说服力的回答，为建设资源节约型、环境友好型社会提供示范。

【摘要】中新天津生态城在建设过程中，立足于低碳绿色发展、全生命周期管理，中新两国专家团队共同编制了生态城市全生命周期绿色建筑指标体系，完善全过程管理制度，建立第三方监管评价机制，用定量的方法明确生态城市的基本内涵和发展目标，确定了绿色建筑强制性指标；推广应用建筑节能低碳技术，构建能源综合利用体系，打造了一批低碳零碳示范项目；推动政策支撑和市场化运作相结合，形成了完整的房地产、智能制造、节能服务产业链。截至 2022 年，中新天津生态城已累计建成绿色建筑面积 2397 万平方米，获得绿色建筑标识项目 126 项，三星级项目占比 50.8%。

【关键词】绿色建筑　全生命周期　生态城市

一、背景情况

中新天津生态城是中国、新加坡两国政府间重大合作项目，旨在应对全球气候变化、加强环境保护、节约资源和能源，为城市可持续发展提供样板示范。生态城选址于贫瘠土地，1/3 为污染水面、1/3 为废弃盐田、1/3 为盐碱荒滩，于 2008 年 9 月 28 日开工建设。2013 年 5 月，习近平总书记亲临生态城视察并作出重要指示。生态城始终牢记习近平总书记殷殷嘱托，全面实施“生态 + 智慧”双轮驱动发展战略，推动绿色低碳和城市建设融合发展，努力打造绿色低碳城市标杆。截至 2022 年底，生态城建成区面积达 22 平方公里，实现全域绿色建筑比例保持在 100%，建成区绿化覆盖率达 50%，相继获批国家绿色发展示范区、国家绿色建筑示范基地、国家“绿水青山就是金山银山”实践创新基地等荣誉称号。

二、主要做法

（一）指标引领、标准先行，构建全生命周期管理体系

一是制定实施全生命周期标准体系。为实现 100% 绿色建筑强制性指标目标，生态城发布实施了《中新天津生态城绿色建筑评价标准》《中新天津生态城绿色建筑设计导则》《中新天津生态城绿色建筑施工管理规程》等一系列标准规范并不断完善，涵盖绿色建筑设计、施工、运营、评价各个环节，经住房城乡建设部批准成为唯一与国家标准直

接互认资格的绿色建筑地方标准。2022 年 10 月，生态城发布并实施全国首套零碳示范单元标准体系，在建设领域进一步探索“低碳—超低—近零—净零”的减碳路径。

二是建立完善全过程管理制度。为保证项目达到绿色建筑标准要求，生态城制定实施了相关建筑管理规定，将绿色建筑管理纳入现有规划建设管理程序，在不增加审批流程的前提下，加入绿色建筑评价内容，确保能耗和碳排放要求落实到位。通过创新性地实施绿色建筑全过程评价，解决绿色建筑多头管理的问题，将建筑能效测评、可再生能源示范城市项目验收、节能工程验收、绿色建筑评价等纳入全过程管理中，将绿色建筑由“事后申报”转变成事前提示、审批把控、过程监督、事后评价的全过程管理。

三是建立健全第三方监管评价机制。为明确绿色建筑相关主体权责，避免政府部门既当裁判员又当运动员的现象，生态城组织多家国家级科研、设计单位，组建了专门从事绿色建筑评价与研究的绿色建筑研究院，为绿色建筑建设提供独立的第三方审查评价服务，在规划设计、建造和验收三个阶段进行绿色建筑评价和技术审查，以建筑能耗、可再生能源利用率、非传统水源利用率等定量化指标为核心出具评估意见，成为管理部门重要参考依据，提升绿色建筑评价的公正性、专业性和科学性。

（二）创新驱动、先行先试，打造一批低碳零碳示范载体

一是大力推广建筑节能降碳技术。生态城合理采用可再生能源建筑一体化技术以及区域层面的分布式能源供应、再生水利用等技术，建设本土化、成本适宜、可复制、可推广的绿色建筑。建成全球首个德国被动式房屋研究所（PHI）认证已竣工的被动式高层住宅项目，通

过高效全热交换新风系统、气密性及无热桥等技术应用与创新，节能率达90%，每年可减少二氧化碳排放300吨、节约电能30万千瓦时，获得国内首个由中国建筑节能协会颁发的“被动式超低能耗建筑施工评价”标识。

二是高效构建能源综合利用体系。建立太阳能、地热能、风能等可再生能源综合利用体系，居住建筑100%安装使用太阳能热水系统，光伏发电项目累计装机容量13.9兆瓦、年均发电量达1200万千瓦时，地源热泵项目累计31个、建筑面积超过120万平方米。建成城市智能电网综合示范工程、零碳智慧能源小镇，以及融合光伏发电、风力发电等储能技术的微网系统。2022年，生态城可再生能源利用率达到16.3%。

三是持续打造低碳零碳示范项目。积极开展零能耗建筑探索实践，2021年生态城不动产登记中心通过零碳化改造，建成天津首个实用性零碳建筑，采用“绿色产能、灵活储能、按需用能、智慧控能、高效节能”的技术措施，项目能源自给率达到112%，每年可减少二氧化碳排放329吨。2022年建成第四社区中心智慧碳中和项目，获得绿色建筑设计银奖，节能率达到67%。季景峰阁社区荣获全国首批申报项目中唯一铂金级健康社区殊荣。

（三）政策赋能、市场化运作，培育绿色建筑产业链条

生态城相继设立了绿色建筑专项资金、可再生能源建筑应用专项资金及绿色建筑科技研发专项资金，并制定相应管理办法，规范化、持续性地扶持绿色建筑发展。制定绿色建筑容积率奖励政策，对满足要求的项目给予地上建筑面积奖励，不计入项目容积率。通过开展被动房建设试点、装配式建筑、建筑全生命周期碳排放优化等新技术的探索和推广，生态城集聚了绿色建筑咨询、设计、建设、施工等各领域知名企

零能耗智慧建筑天津市生态城不动产登记中心外景

业，形成了完整的“房地产—智能制造—节能服务”上中下游产业链。截至 2022 年，已吸引和培育了 3000 余家绿色建筑与开发企业及机构，在探索绿色经济支撑城市发展道路上迈出了坚实步伐。

三、经验启示

1. 明确顶层设计，坚持一张蓝图绘到底。生态城在建设之初，就创造性地编制了世界上首套生态城市指标体系，明确绿色建筑、可再生能源利用率等指标目标及完成时限。2020 年，推出 2.0 版生态城市指标体系，进一步强化“双碳”领域指标引领支撑。生态城以指标体系指导编制总体规划，确保指标落到空间规划和专项规划上，形成指标引领城市建设的新模式，这一模式在国内多地进行了复制推广。

2. 坚持创新引领，让低碳发展底色更亮。生态城将智能前沿技术应用到建筑管理上，通过提升建筑运行智能化管理水平助力降低建筑能耗。充分结合区域实际，研究发布高效低成本的本地适宜技术清单并滚动更新，形成了一系列具有自主知识产权的可再生能源建筑一体化解决方案和技术产品，保障绿色建筑增量成本基本可控。

3. 优化政策设计，立足市场化推动发展。生态城设立系列专项扶持资金，在成本端以资金奖励和补贴缓解建筑业初期投入压力，助力研发更有效益的绿色建筑技术。制定绿色建筑容积率奖励政策，在收益端鼓励企业通过扩大销售覆盖增量成本，创设绿色建筑性能责任险，助力企业获得绿色信贷，以实现企业自身平衡和可持续的绿色建筑推广。

【思考题】

1. 如何进一步通过政策引导和体制改革，以市场化方式鼓励投资主体建设运营高等级绿色建筑?

2. 如何在绿色低碳建设的前提下，进一步提高人民群众的获得感、幸福感和安全感?

绿色冬奥绘就美丽中国底色

——2022 年北京冬奥会张家口赛区兑现“绿色办奥”庄重承诺

【引言】2015 年 8 月 20 日，习近平总书记主持召开十八届中央政治局常委会会议，专题听取申办冬奥会情况汇报，研究筹办工作，提出了坚持绿色办奥、共享办奥、开放办奥、廉洁办奥的要求。

【摘要】恪守“绿色办奥”理念，始终把环境保护和可持续发展放在重要位置，是北京冬奥会筹备过程中的一大亮点。自 2015 年北京、张家口携手筹办冬奥会到 2022 年赛事举办结束，张家口坚持有力推动、强化统筹，通过低碳能源、低碳场馆、低碳交通、造林绿化、碳汇捐赠等措施，最大限度地减少碳排放，全力打造低碳奥运专区，为举办世界级绿色低碳体育运动会贡献了中国力量、中国智慧、中国方案。

【关键词】北京冬奥会　“绿色办奥”理念　低碳管理

一、背景情况

北京冬奥组委秘书行政部、北京市人民政府办公厅、河北省人民政府办公厅于2019年6月12日印发《北京2022年冬奥会和冬残奥会低碳管理工作方案》，部署了北京冬奥会筹办和举办工作全过程的低碳建设任务目标，明确提出了碳减排和碳中和措施；并于2021年10月20日印发《北京2022年冬奥会和冬残奥会碳中和实施方案》，进一步明确了碳中和措施的实施方式，推动实现北京2022年冬奥会和冬残奥会所产生的碳排放全部中和的申办承诺。张家口市全面贯彻落实北京冬奥组委关于低碳管理的部署要求，依托国家可再生能源示范区和张家口首都水源涵养功能区、生态环境支撑区建设，健全工作机制，科学制定方案，推动各项低碳措施落地落实，全力打造张家口低碳奥运专区，延伸推动城市全域低碳建设与管理，助力冬奥会实现碳中和。

二、主要做法

（一）健全工作机制，推动低碳管理措施落实落地

一是强化总体设计。张家口市委、市政府高度重视，强力推动。成立筹办冬奥会工作领导小组，研究制定了《张家口市低碳管理计划》和《深入推进北京2022年冬奥会和冬残奥会碳中和任务的工作方案》，明晰了实施路径和方向，通过低碳能源、低碳场馆、低碳交通、造林绿化、碳汇捐赠等措施，全力打造低碳奥运专区。

二是强化统筹调度。细化分解重点任务，明确责任分工，并实行“半月调度”机制，确保各项低碳措施任务有序推进。针对推进过

程中出现的林业碳汇量包装与核证问题，张家口市政府积极协调、跟踪问效，低碳建设任务及碳中和捐赠程序全部按照时间节点要求圆满完成。

（二）实施低碳措施，践行低碳办奥

一是推动低碳能源应用。建设张北柔性直流电网试验示范工程，通过“多点汇集、多能互补、时空互补、源网荷协同”，实现了特大规模新能源接入和全时段可控稳定供电，保障了北京冬奥会所有场馆常规电力 100% 使用可再生能源。自项目投运后每年可向北京地区输送约 141 亿千瓦时的清洁能源，实现“用张北的风点亮北京的灯”。

二是推进低碳场馆建设。按照绿色建筑和绿色雪上运动场馆三星级标准规划、设计、建设张家口赛区国家跳台滑雪中心、国家冬季两项中心、国家越野滑雪中心和张家口冬奥村（冬残奥村）。建设古杨树场馆群蓄水系统，通过融雪水循环利用提高水资源利用效率；采用高效节水智能化造雪技术和装备，根据外界环境变化，可动态保持最佳的造雪效率，节水率达到 20%，可满足冬奥会各场馆造雪用水需求。

三是推行低碳交通方式。冬奥会期间共投入氢燃料电池车 710 辆，在张家口赛区核心区建设 5 座加氢站，累计加注氢气 94.3 吨，氢气均来自可再生能源发电项目生产的“绿氢”，减少碳排放约 1414 吨。充分利用京张高铁实现跨赛区转运，先后投入使用张家口南综合客运枢纽、太子城高铁站客运枢纽、崇礼南和崇礼北客运枢纽，实现各类交通方式的衔接转换，提高公共交通的便利性和效率，更好地便于公众绿色出行。

张家口市崇礼冬奥核心区崇礼太子城冰雪小镇

（三）践行绿色低碳行动，助力实现冬奥会碳中和

一是大规模造林绿化。张家口市把造林绿化作为打造冬奥良好生态环境的基础工程、张家口绿色发展的生命工程，举全市之力大规模推进。2016—2021 年全市共完成造林 1547.5 万亩，树立了农牧交错带半干旱地区大规模造林绿化的典范。

二是开展碳普惠行动。开发了“张家口碳普惠”小程序，选取崇礼太舞小镇和张北阿里巴巴数据中心作为碳普惠试点。拍摄了《低碳未来》宣传片，开展低碳冬奥主题宣传活动，鼓励和引导公众自觉参与低碳行动。

三是履行碳汇捐赠程序。委托专业机构完成 50 万亩京冀生态水源保护林碳汇的计量、监测、核证，将 2016—2021 年间产生的 57 万吨碳汇捐赠给北京冬奥组委，用于中和北京 2022 年冬奥会和冬残奥会温室气体排放量。

三、经验启示

1. 坚持理念引领，强化工作落实。北京冬奥会是第一届全过程践行《奥林匹克2020议程》可持续性要求、全面规划管理奥运遗产的奥运会。张家口市委、市政府高度重视，深入贯彻“绿色办奥”理念，研究制定低碳工作方案，明晰实施路径方向，明确碳减排、碳中和6方面20项措施，全力打造低碳奥运专区。

2. 推动创新成果应用，赋能绿色冬奥。北京冬奥会注重发挥科技创新助力碳中和的作用，在场馆筹建、交通运输、可再生能源利用等方面，强化科技成果应用，坚持高标准设计、建造和运营，首次实现了奥运史上氢燃料电池汽车规模化应用，建成了世界首个柔性直流电网工程，有关工程核心技术和关键设备创造了12项世界第一，打造了低碳奥运的新标杆。

3. 科学造林，助力冬奥会碳中和。从申办开始，造林项目就被确定为碳抵消的主要措施。张家口科学确定造林方式，因地制宜优选耐寒耐旱树种，合理选取种植密度，采用混交造林技术，保证造林成活率，高质量建设完成京冀生态水源保护林工程，助力北京冬奥会兑现碳中和庄严承诺。

【思考题】

1. 如何更好地发挥绿色冬奥的示范带动效应，进一步促进绿色低碳技术成果转化，加大绿色低碳实践推广力度?

2. 如何借助可持续性奥运遗产，促进绿色产业的发展与升级，加快实现可持续的后奥运经济发展?

创新中心城区绿色发展
打造“双碳”智慧场景

——上海黄浦区低碳城区创建典型案例

【引言】 2019年11月2日，习近平总书记在上海考察时指出，无论是城市规划还是城市建设，无论是新城区建设还是老城区改造，都要坚持以人民为中心，聚焦人民群众的需求，合理安排生产、生活、生态空间，走内涵式、集约型、绿色化的高质量发展路子，努力创造宜业、宜居、宜乐、宜游的良好环境。

【摘要】 上海黄浦区深入贯彻落实党中央、国务院碳达峰碳中和战略决策，结合本地服务业发达、公共建筑是主要碳排放源的特点，构建了区级“1+N”“双碳”政策体系，以建筑节能降碳为重点，完善重点用能单位管理和专项资金管理办法，构建闭环工作体系，强化数字化能源管理，以一大会址·新天地近零碳排放实践区建设为“点”，带动各类建筑能效提升及需求侧响应整“线”推进，最终实现全区低碳示范创建全“面”开花，为城市建成区绿色低碳转型提供了可复制、可推广的创新发展模式和典型经验。

【关键词】低碳城区　建筑能效提升　数字化管理

一、背景情况

黄浦区是中国共产党的诞生地、初心始发地和伟大建党精神孕育地，承载了上海700多年的建城史和170多年的开埠史，见证了上海国际大都市经济社会的发展变化。黄浦区第三产业增加值占比超过95%，形成了以金融服务、商贸服务、专业服务为主导，文旅服务、健康服务、科创服务为新动能的发展模式。服务业高度发达使建筑楼宇成为本区主要能耗和碳排放源。黄浦区以建设国际大都市中心城区、绿色低碳发展核心引领区、碳达峰碳中和示范区为目标，紧紧抓住建筑楼宇节能增效工作主线，以体制机制创新为着力点，以重点示范项目为抓手，积极搭建全面完整的低碳工作架构，形成科学立体的实施方案，为全国密集商务建筑群的低碳发展提供了有益借鉴。

二、主要做法

（一）注重体制机制创新，夯实基础能力

一是构建“1+N”双碳政策体系。出台碳达峰碳中和实施意见、碳达峰实施方案，印发建筑领域、可再生能源、重点用能单位、重点项目等重点领域碳达峰实施方案，以及减污降碳、绿色金融等若干支撑保障方案，建成较为完善的“双碳”政策体系。其中，《黄浦区建设领域碳达峰实施方案》围绕超低能耗建筑规模化发展、既有建筑规模化节能改造、建筑可再生能源规模化应用等重点工作，部署了5大方面64项具体任务。

二是完善配套支持政策。出台区级重点用能单位节能降碳管理办法，将重点用能单位范围从年综合能耗5000吨标准煤以上拓展到3000吨标准煤以上，将区内290余幢重点建筑楼宇纳入监控范围，加强节能降碳管理。修订区节能减排降碳专项资金管理办法，将支持范围由9大类扩大到14类，对开展碳信息披露、碳排放管理体系和产品碳足迹的示范引领企业、碳普惠平台签发的示范项目和零碳园区等给予支持补贴。2020年至2022年，累计支持企业超100家，政府扶持资金达7500万元，节能量超万吨标准煤，减少二氧化碳排放2万吨。

三是建立“查”“减”“增”“核”“评”的“双碳”闭环工作体系。建立健全区级碳排放核算体系、重点单位碳排放台账管理系统，“查”清底数。深挖节能降碳潜力，通过结构节能、技术节能、管理节能联动，推动碳排放递“减”。实施光伏、慢行交通和新能源车充换电设施、生态绿化建设等项目，“增”强新能源利用和碳汇。将“双碳”相关指标和任务落实情况纳入各部门、街道领导班子绩效考核评价体系并增加考核权重，强化监督考“核”。围绕重点目标、重点任务完成情况，开展跟踪“评”估。

四是建立数字化管理体系。开展建筑能耗数字化管理，实现建筑楼宇数据信息“全面感知”，融合“AI+大数据技术”，显著提升楼宇节能管理精细化、智能化、可视化水平，稳步推进楼宇能耗和碳排放“双控”目标下达及考核、建筑能耗限额管理、光伏建设目标分解、能源审计和节能改造、节能低碳示范单位评选等工作，实现建筑能耗绿色低碳管理从数字监测到数治管理的转变。黄浦区重点用能单位全部接入能耗实时监测平台，覆盖建筑面积1200万平方米，年监测用电量达10亿千瓦时，分项计量数据准确率达90%以上。已有超过30幢楼宇实现水、电、气能源资源的全计量。

（二）全面推动“点”“线”“面”示范项目

一是率先开展“一大会址·新天地”市级近零碳排放实践区示范建设，打造亮“点”标杆。重点打造光伏连廊、光伏湖畔，大力推动香港新世界大厦、新天地时尚购物广场20余幢建筑开展高效空调、电机变频、LED照明等低碳化改造。搭建碳排放管理平台，推进公众活动碳排放量化分析及绿色激励，实施大型活动碳中和，推动示范区内主体建筑有序实现近零碳排放。

二是围绕建筑能效提升和商业建筑需求侧管理两条主线，开展国家级示范。推动各类建筑能效提升及需求侧响应整“线”推进，落实《黄浦区百幢楼宇能效提升三年行动计划》，实施建筑能效对标、用能设备检测、节能改造升级、楼宇能源管理认证、互联网+智慧能源等五个能效提升行动，在实践中逐步提炼形成“精调研、重评价、硬改造、软调适、细管理、建机制”能效提升闭环体系。截至2022年底，累计完成日月光、来福士广场等重点既有建筑节能改造250余项，改造面积达500万平方米。其中上海音乐厅等一批改造项目获得既有建筑绿色更新改造铂金奖和金奖。建成全国首个商业建筑需求侧管理国家级示范，构建了完善的需求侧管理工作体系，打造能源数治智能化的电力需求侧降碳范式，推进130幢商业楼宇需求侧响应资源能力建设，拓展了居民社区、电动车充电平台多元化响应资源，2022年电网累计调度超过2000幢次，负荷管理调节能力超过20%，虚拟发电量超过50万千瓦时，通过上海市电力交易市场交易近30次，交易金额近50万元。

三是全面推进低碳示范，营造良好氛围。整合区内资源，调动相关部门、街道、企业、社会组织及社区居民等共同参与绿色城区建设，提高低碳示范创建的积极性。公共建筑方面，严格落实新建项目绿色建筑星级标准，在土地招拍挂、规划方案和施工图设计阶段加强对建筑绿色、低碳、智能建造内容的审核监督，建立从土地出让、方案批复、施工图审查、施工过程监管、竣工验收到后期运营的全过程管控机制，截至 2022 年底全区建成二星级以上绿色建筑 42 幢。充分发挥专项资金扶持作用，建成 7 个超低能耗建筑试点，建筑面积达 31 万平方米。居民建筑方面，制定《黄浦区绿色社区创建行动实施方案》，将绿色发展理念贯穿社区设计、建设、管理和服务等全过程，推动社区最大限度节约资源、保护环境。汇龙新城社区成功获得 LEED v4.1 Communities: Existing（既有社区）金级认证——成为全球第二、亚洲第一个获此殊荣的项目。绿色交通方面，出台《黄浦区新能源乘用车充电安全便利工程三年行动计划（2023—2025 年）》，明确公共停车场（库）配套充电设施目标，实施道路停车场充电桩建设试点，建设充电桩示范社区、公共出租车充电示范站等，逐步构建黄浦区 5 分钟充电生活圈，为新能源车普及提供保障。

上海市首个近零能耗公共建筑——黄浦区世博城市最佳实践区汉堡馆

三、经验启示

1. 立足本地实际，创新低碳管理模式。结合当地产业结构、用能特点、碳排放重点，有的放矢出台低碳政策。根据黄浦区以服务业为主、建筑用能占比较高的特点，以建筑楼宇为重点，推动建筑节能精细化管理。逐步完善节能降碳治理体系，创新支持政策，将更多新技术新模式纳入支持范畴，强化激励引导。

2. 立足能效提升，强化数字智能监管。充分运用云计算、物联网、人工智能等大数据技术，构建“互联网 + 能效”智能监管模式。黄浦区通过建设智慧监管服务平台，形成黄浦区云上碳排放地图，推动节能降碳管理从信息化向智能化转变。

3. 立足试点示范，形成科学管理体系。通过试点项目总结经验、凝练模式，逐步健全建筑能效提升管理体系。黄浦区由“一大会址・新天地”等近零碳实践区试点示范，到推动建筑能效提升和商业建筑需求侧管理的主线，再到全面打造高标准高能效绿色建筑集群，为大城市中心城区绿色低碳发展贡献了黄浦方案。

【思考题】

1. 如何通过推广应用更加先进的技术和创新机制模式，推动高密度建筑集群区域节能降碳工作实现新的突破和提升？

2. 建筑领域能耗监测数字化平台建设应注意哪些事项？

推动“两山”理念转化的龙观共富实践与“零碳”之路

——浙江宁波市海曙区龙观乡光伏村探索乡村共富新模式

【引言】2016年8月22日至24日，习近平总书记在青海调研考察时指出，发展光伏发电产业，要做好规划和布局，加强政策支持和引导，突出规范性和有序性。

【摘要】宁波市海曙区贯彻落实党中央、国务院决策部署，落实宁波市光伏产业政策，出台配套资金支持政策，将乡村振兴与光伏资源开发有机结合。海曙区龙观乡充分发挥领导班子和党员带头作用，采用光伏建筑一体化整体解决方案，创建“政府投资利益共享模式”，让全体村民共享光伏发电收益，将原有的贫困村李岙村建成整村制光伏村，走出了“两山”转化的全新通道。在李岙村带动下，龙观乡探索出建设光伏村的三种投资模式，形成了可复制、可推广的“龙观模式”。

【关键词】党建引领　光伏建筑一体化　利益共享

一、背景情况

宁波市海曙区龙观乡位于浙东革命老区、四明山东麓，生态资源丰富，环境优美，但是产业基础薄弱，发展动力不足。李岙村是乡里典型的山区贫困村，2013年村集体年收入仅3000元，没有工业土地、没有产业发展，基础设施较差，362间村民房屋中有108间属于危房，年轻人陆陆续续搬离乡村，建新村、住新房、能致富成为全体村民最大的愿望。2014年，在宁波市各级政府和有关行业主管部门支持下，龙观乡党委以李岙村为示范开展整村光伏建设，通过采取党建引领、党员示范的方式，以利益共享、统建统管为抓手，引导全体村民团结一心、众志成城，最终把阳光资源转化为清洁能源，架起了绿水青山转化为金山银山的“光伏桥”，带动龙观乡四个村通过光伏脱贫，形成了可复制、可推广的“龙观模式”。2022年，李岙村村集体收入达94.75万元（扣除土地流转后61.86万元），装机容量600千瓦，年发电量超40万千瓦时。

二、主要做法

（一）多措并举推动项目落地

在鼓励光伏发展的一系列政策支持下，李岙村党支部、村委会领导班子积极行动，认真做群众工作，率先形成了“政府投资利益共享模式”，在新村建设中采取光伏建筑一体化模式，由集体投资购买，全体村民享受光伏发电收益。为消除村民的思想顾虑，邀请专业人员给村民普及光伏政策、讲解光伏知识，组织村内全体党员带头安装，发挥带动作用。通过技术创新，打造了“光伏＋瓦片”新产品，渗水率只是普通瓦片的几十分之一，具有很长的使用寿命，让村民放心安心，深受村民喜爱。光伏建筑一体化工程分两期完成，总装机容量达到600千瓦，项目每年可以发电60万千瓦时，加上国家、省和市各级补贴，能为村集体增收60万元左右。

（二）利益共享机制激发村民意愿

用光伏发电收益设立“阳光账户”，让全体村民共享“阳光收益”。村民每户每月可以享受50千瓦时的免费用电，村民子女上大学、参军均可以得到奖励和补贴，全体村民在实实在在的福利中真切感受到阳光带来的幸福。新颖的产品和共享理念一下子使李岙村成为网红村，来学习考察的人络绎不绝，带动了当地研学、旅游、民宿等经济发展，让老百姓有参与感和获得感。

宁波市龙观乡光伏建筑一体化光伏村——李岙村

（三）积极利用好市区两级支持政策

李岙村紧抓宁波市深入实施“光伏 +”十大工程之机，认真落实《宁波市促进光伏产业高质量发展实施方案》《家庭屋顶光伏工程实施方案》及光伏发电补贴资金管理办法、家庭屋顶光伏补贴专项资金管理办法等一系列政策，推动分布式光伏尤其是家庭屋顶光伏工程发展。通过使用海曙区节能降耗专项资金，加快推动户用光伏发展。项目实施过程中，积极对接宁波市、海曙区发改能源部门，充分发挥实地考察的行业专家、建设单位、投资单位的专业优势，共同研究利用有限资源做出特色项目。

（四）模式创新促进经验推广

李岙村推出“集体投资共享模式”，在政府投资利益共享模式基础上，每户村民按照 1000 元 / 平方米投资，并按投资享受收益。龙观乡又根据各村的实际特点，探索了另外两种投资建设模式：一种是“民企投资共享模式”，在大路村实施，由民营企业出资并建设，发电收益与村集体、村民共享；另一种是“国投民建共享模式”，在龙谷村和雪岙村应用，由国有企业出资、民营企业负责建设，各方按约定共享利益。截至 2023 年 8 月底，龙观乡光伏装机容量达到 5300 千瓦，投资超 3000 万元，每年可产生 530 万千瓦时清洁电力，减少二氧化碳排放 5284 吨，惠及上千户村民。《“寓建光伏”助脱贫　绿色能源促发展——宁波市海曙区龙观乡光伏村产业发展案例》在 2022 年联合国“第三届全球减贫案例征集活动”中被评为全球最佳减贫案例之一。

三、经验启示

1. 党建引领是根本。发挥党员先锋模范带头作用，村党组织书记作为头雁，确定发展光伏村的工作方向，分析项目可行性、落实项目实施的路径，积极引进高质量光伏项目，打通“两山”理念转化通道；村“两委”班子勇挑重担，学习光伏投资的成本收益核算等新知识；村里的全体党员率先安装光伏，带头做好群众工作，带动全体村民积极仿效，各种场合给群众讲解光伏知识，统一全村村民共识。

2. 机制完善是保障。市、区两级政府出台的一系列政策和措施，是龙观乡光伏项目顺利落实的保障。如李岙村，光伏项目实施后，获得示范补贴 100 万元；龙谷村，国企通过光伏村项目赋能乡村振兴，获得地方补贴合计约 78 万元以及每年 27 万元的长期投资效益。

3. 模式创新是动力。针对经济发展程度不同的村，龙观乡不断探索“光伏村”建设的模式，在长期实践基础上总结出解决光伏村启动资金问题的三种方式，每种方式都详细列明了类型特点、推动流程、技术要领、投资收益方法等，不仅为龙观乡创造了可观的经济效益，而且还带动了宁波四明山、江苏苏北小韩村等地光伏村的发展，助力当地共同富裕和“双碳”战略实施进程。

【思考题】

1.“光伏村”模式如何与“两山”理念有机结合，促进相关优惠政策落地?

2. 基层党组织如何做好“光伏村”建设模式的引导落地工作?

清洁供暖新模式 城市里的“小太阳”

——山东海阳市创新推进核能清洁供暖工程

【引言】2016 年 12 月 21 日，习近平总书记主持召开中央财经领导小组第十四次会议时强调，推进北方地区冬季清洁取暖，关系北方地区广大群众温暖过冬，关系雾霾天能不能减少，是能源生产和消费革命、农村生活方式革命的重要内容。

【摘要】海阳市积极贯彻国家关于推进北方地区清洁供暖的总体要求，建立政府相关部门与核电企业、供暖公司的政企深度合作机制，合力推动核电供暖工作。在确保核电机组安全稳定运营的基础上，创新突破一系列关键技术难题，开创“核电厂 + 政府平台 + 供热企业”的联合商业运行模式，建成了全国首个核能供暖工程，海阳市成为全国首个“零碳”供暖城市。2019 年至今，海阳核能供热工程已运行四个供暖季，累计提供清洁热量 456 万吉焦，同比核能供热前，累计节约原煤消耗约 39 万吨，减排二氧化碳约 71 万吨，供热成本下降约 10%，为推动北方地区清洁供暖、助力绿色低碳高质量发展闯出了一条新路径。

【关键词】核能供暖　清洁能源　联合运营

一、背景情况

海阳市隶属山东烟台市，地处山东半岛中心，于 2018 年建成投运山东省首座核电机组。核能具有清洁低碳、能量密度大、供给可靠性高的特点，不仅可用于发电，还可通过供热、制氢、海水淡化等途径实现综合利用。海阳市深入贯彻落实国家“十四五”规划和 2035 年远景目标纲要及国家关于推进北方地区清洁供暖和开展核能综合利用示范的工作要求，坚持以核能供热为主抓手，积极推动清洁能源综合利用，在确保机组安全稳定运营的基础上，先行先试攻克了一系列关键技术难题，实现了“单一核能”向“多能综合利用”的转变，2019 年建成了全国首个核能商业供热工程，2021 年建成了全国首个“零碳”供暖城市。

二、主要做法

（一）深化政企合作，推动项目加快建设

海阳市成立了由市政府主要领导任组长，相关部门、核电公司、供暖公司负责人任成员的核能供热保障领导小组，统筹推进核能供热项目。在各方共同努力下，2019 年 5 月，海阳市核能供热项目正式启动，并于当年 11 月向周边城区 7757 户 70 万平方米供热，首创全国核能综合利用新场景。2021 年 11 月，海阳核能供暖二期工程正式投运，

实现主城区 20 万居民、500 万平方米供热面积全覆盖，替代原有 12 台燃煤供热锅炉，年节约原煤 18 万吨、减排二氧化碳 33 万吨，供暖季 $PM_{2.5}$ 下降了 16%、天气优良率上升了 17%。

国家能源核能供热商用示范工程换热首站

（二）加大科技创新，攻克供暖技术难题

在国内无经验可循的情况下，组建院士领衔的高层次专家团队，率先开展大型压水堆核电厂商用供热研究论证和技术改造，在众多方面实现了首创。一是首创供热技术和标准。通过高压缸排汽抽汽改造实现压水堆核电机组热电联供，攻克了“核电机组常规岛汽轮机中间级抽汽”的相关技术，填补了国内空白，首创《压水堆核电机组供热可行性研究技术规定》等一整套标准体系，最大程度减少供暖对机组利用小时数、控制系统的影响。二是优化供热设备和系统。开发了适用于饱和蒸汽的大口径抽汽止回阀等关键设备，完成了对汽轮机控制

系统及汽轮发电机辅助控制系统的优化调整，将核能供热首站及配套管网纳入智慧热网调度管控平台，实现了智慧供热、科学供热和稳定供热。三是完善供热控制策略。制定了开发堆—电—热等运行控制策略，在常规岛侧设置抽汽阀门、管道在线振动监测系统等，监测管道振动情况，为后续更大规模供热提供了可靠的参数支持。

（三）独创运营模式，打造真正民心工程

将核能供暖作为重大民生工程，坚持“居民用暖价格享优惠、政府财政负担不增长、热力公司利益不受损、核电企业经营作贡献、生态环保效益大提升”的原则，开创了“核电厂 + 政府平台 + 供热企业”联合运营商业模式。山东核电负责厂内机组改造，地方国企平台公司建设核能供暖主管网和中继泵站，当地供热企业管理居民供热，各方职责分明、优势互补、协同共赢，有效降低了居民用热成本。此外，通过发放核能供热“明白纸”、开展核能供热科普、安排专人解疑答惑等措施，让海阳居民对核能供暖从怀疑到期待、从期待到称赞。核能供暖工程实施后，海阳居民住宅取暖费每建筑平方米较往年下调 1 元，每年享受核能清洁取暖红利 450 万余元。

三、经验启示

1. 坚持民生优先。海阳市以民生为切入点实施清洁供暖工程，不仅实现节能减排、绿色环保，还为当地百姓带来实惠。在能源紧张、煤炭价格上涨的当下，海阳市的供暖费不升反降。核能供暖启用以来，海阳市的天蓝了、水绿了、空气质量更好了，老百姓的获得感、幸福感得到了实实在在的提升。

2. 创新技术和运行模式。海阳市、山东核电重视科技创新，善用人才，敢当改革急先锋，加大关键技术的研发应用，不断提高核能综合利用效率。以核能产业为基础，首创抽汽供热技术及标准，开创“核电厂 + 政府平台 + 供热企业”合作共赢运行模式，在全国建成了首个核能商业供热工程和首个“零碳”供暖城市，开辟了北方地区清洁供暖新路径。

3. 加强宣传引导。海阳市始终秉持坦诚透明的态度，采用“请进来”与“走出去”相结合的宣传方式，提升公众对核能供暖的接受度。充分利用各类国际会议、论坛、报告会等，积极向国际推介“暖核一号”品牌，向世界讲述中国核能发展故事，成功树立核能供暖安全、可靠、清洁、经济的良好形象。

【思考题】

1. 核能供暖具有哪些优势?
2. 海阳市核能供暖项目有哪些技术创新?

实施能源费用整县托管
打造公共机构降碳示范

——湖北宜都市推进公共机构能源费用整县托管实践

【引言】2021年12月8日，习近平总书记在中央经济工作会议上指出，要坚持节约优先，广泛开展创建绿色机关、绿色家庭、绿色社区、绿色出行等行动。

【摘要】长期以来，公共机构节能面临着市场化程度不高、体制机制不活、节能空间受限、技术手段不够等困难。湖北宜都市坚持“整体规划、试点先行、分步实施、全面推进”的原则，深入调研全市174家公共机构能源利用情况，摸清家底；通过专题研学、考察学习、综合评估等多种方式凝聚共识、制定方案，以市场化方式探索构建公共机构能源费用整县托管新模式，在试点单位先行先试的基础上，进一步总结经验，针对不同的公共机构类型和能源利用特点，分类施策开展能源托管服务，推动公共机构有效提高能效水平，形成了可复制、可推广的公共机构节能降碳经验。

【关键词】公共机构　整县托管　节能降碳

一、背景情况

宜都市共有公共机构174家，其中党政机关53家、事业单位113家、群团组织8家，总建筑面积96.56万平方米。国管局、国家发展改革委、财政部于2022年9月联合印发《关于鼓励和支持公共机构采用能源费用托管服务的意见》，全面规范和推进公共机构采用能源费用托管服务。在“双碳”目标引领下，宜都市全力打造整县公共机构能源托管“双碳”示范，着力为公共机构节能降碳探索市场化新路、提供可复制范本。截至2023年9月底，3家试点单位已完成能效提升工程建设，第一批138家单位已签订托管合同109家，其中已完成托管改造70家，39家正加快改造。

二、主要做法

（一）全面调研清家底

宜都市抢抓国家鼓励和支持公共机构能源费用托管服务的重大机遇，迅速组建工作专班，仅用一个月时间就完成全市174家公共机构能源利用情况走访调研，全面摸清了各公共机构用能设备、用能人数、用能时段、能源使用价格、建筑结构、建筑面积、能源费用、支付方式等信息。调研发现，宜都市公共机构布局分散、体量较小、用能设备老旧，长期以来节能主要依靠宣传引导，缺乏资金投入和专业技术支撑。通过分析近三年数据，发现电力消费占用能总量的87.33%，但单个公共机构节能空间有限。据此，宜都市确立了以电能为主体的能源费用整县托管模式。

（二）多方论证凝共识

对于公共机构能源费用托管，用能单位和相关部门普遍认知度不高，有些甚至心存顾虑。开新局必先破旧局，宜都市在全市开展“头脑风暴”，将合同能源管理作为市委理论学习中心组专题学习内容进行研学，率先统一思想。组织相关部门到武汉等先行先试地区实地考察学习，打消思想顾虑。同时邀请节能专家对全市公共机构能耗情况进行综合评估，并对节能服务公司提出的实施方案进行技术把关，先后三次组织召开研讨会，充分沟通交流，形成思想共识，确定了“整体规划、试点先行、分步实施、全面推进”的工作原则。

（三）整县托管定良策

经广泛调研论证，市政府决定将市场化作为推动节能工作高质量发展的突破口，携手国网湖北综合能源服务有限公司、国网宜昌供电公司签订三方战略合作协议。按照政府采购相关法律法规，以 174 家公共机构 2021 年度能源支出费用为限价确定托管基准值，签署为期 10 年的托管合同，较好地破解了单一公共机构难以有效开展合同能源管理服务的难题。采取打包托管的方式，提高了合同能源服务企业工作效率，大幅压缩了时间和人工成本，引入信息化手段实现集中智慧管理，在提升服务质量的同时降低服务成本，增强了社会资本参与的信心和底气。

（四）试点先行树样板

首批选取宜都市党政办公楼、宜都市民活动中心、宜都市第一人民医院等，作为能效提升试点单位实施节能改造示范工程。其中，宜都市党政综合办公楼投入 236 万元，更换 186 台老旧分体式空调，为 4 台电梯安装节能回馈装置，搭建智慧物联网模块和能源智慧服务云平台，改造后年可节约用电 5.58 万千瓦时。2022 年，在历史罕见的高温天气下，宜都市党政大楼的用电量较 2021 年下降了 5.6 万千瓦时，实现了财政零投入、能耗硬减少、管理大提升。试点项目的示范效应极大地提升了其他用能单位对合同能源管理项目的认可度和积极性。

宜都市市民活动中心试点项目全景

（五）分类施策提质效

全面总结试点经验，进一步健全完善公共机构能源精细化管理、规范化统计、智能化管控等制度。突出“精准施策 + 分类实施”，针对党政机关、学校、医院、场馆等不同公共机构能耗特点，分类提供包括节能改造、能效诊断、设备代维、智能监测等在内的能源托管方案和综合能源服务，个性化提高公共机构用能效率、降低用能成本。针对不同体量的公共机构，采取差异化管理手段，用能结构单一、体量较小的 138 家公共机构，主要通过采取能效在线监测和智能管控降低能耗；对用能情况复杂的36家公共机构，从清洁替代、节能改造、集控降耗、绿色出行、平台接入等多维入手降低整体能耗水平。

三、经验启示

1. 统一思想是前提。对于公共机构实施合同能源管理，各单位普遍缺乏系统、全面的认知，缺乏成熟模式和现成经验，推进中面临着诸多体制机制障碍和政策风险。宜都市始终坚持问题导向，坚持以思想破冰引领工作突围，在先行先试、攻坚克难中统一思想、凝聚合力。

2. 强力推动是保障。能源托管是一项系统工程，具有多样化和复杂性，统筹协调难度大、任务重，必须坚持强力推进。宜都市项目之所以能够较快落地见效，关键在于市委市政府集中研究、统一部署，职能部门各司其职、主动作为，为项目推进排除了障碍。

3. 精准施策是关键。党政机关、医院、学校等不同公共机构在用能数量、用能结构、用能类别上千差万别。同时，合同能源管理模式较多，市场主体参差不齐，推进实施难度很大。宜都市综合比选后选择“整体托管、集零为整”的模式，采取精准施策、分类实施方式，有力保证了项目的实施。

【思考题】

1. 在高耗能重点行业、重点园区，推动信息化与节能产业深度融合实现降碳目标，有哪些路径值得探索?

2. 不同类型公共机构节能降碳需要哪些差异化举措?

立体空间的碳达峰碳中和

——四川成都市中建滨湖设计总部近零碳建筑项目

【引言】2022年10月16日，习近平总书记在党的二十大报告中提出，推动能源清洁低碳高效利用，推进工业、建筑、交通等领域清洁低碳转型。

【摘要】为推动建筑领域绿色低碳发展，助力实现碳达峰碳中和，四川成都市中建滨湖设计总部积极探索立体空间的碳达峰碳中和。项目围绕“近零碳”理念，通过被动式建筑设计，采用近40项低碳建筑技术，打造建筑整体节能外墙，建设新型能源建筑系统；采用高效通风设计和景观化室内步行通道设计，促进建筑舒适度与节能低碳的深度融合，提升用户体验；采用设计、建设、运营一体化推进和利益主体共担共享机制，有效推动了设计理念到现实的顺利落地。该建筑获得绿色建筑三星设计标识。

【关键词】近零碳建筑　被动式设计　智能共享

一、背景情况

围绕国家“双碳”战略部署，四川成都市提出要构建与城市绿色低碳、可持续发展相适应的空间格局，其中，建筑领域是重要方面。自2022年成都市出台绿色建筑促进条例以来，绿色低碳建设模式推行、建筑用能结构优化等工作扎实推进。中建滨湖设计总部位于天府新区，总投资4.6亿元，总建筑面积7.8万平方米，其中地上建筑面积3.9万平方米。作为成都绿色建筑领域高质量发展的标杆，项目采用近40项低碳建筑技术，其中引领技术9项、示范技术24项，最大幅度降低了建筑用能需求。2022年，中建滨湖设计总部能耗仅40千瓦时/平方米，年节约用电186万千瓦时、节省费用约150万元、减少碳排放约1027吨。

中建滨湖设计总部航拍图

二、主要做法

（一）打造节能外墙，缓解城市热岛效应

为解决大面积玻璃幕墙带来的室温过热问题，项目利用三玻双中空双充氩三银高效玻璃幕墙作为内外气候的第一道边界，通过镀银膜层控制入射阳光波长，获取光照的同时阻隔太阳长波辐射热，与普通中空玻璃相比可节省 35% 的空调能耗，得热系数优化至 0.18。在非透明围护结构上，运用中国建筑技术中心材料所与中建西南院合作开发的荧光制冷涂料，实现了太阳光下的荧光制冷。与此同时，项目选取大叶黄花铃木、金禾女贞、中华景天、三角梅、木春菊等本土植物用作场地景观与屋顶绿化，在尽可能提高屋面保温隔热性能的同时降低管护成本。

（二）采用“光储直柔”，探索新型建筑能源系统

项目采用“光储直柔”技术，在大楼六、七层设置分布式光伏板，地下室设置大型储能机房，为办公大楼一、二层示范区域照明、电脑用电、地下室照明和充电提供能源供给，并通过机房运维系统实时监控发电量和用电量，实现用能精准可控。大楼分布式光伏板面积达 865 平方米，装机容量 163 千瓦，年发电量约 12.9 万千瓦时，每年可节约电费 10 万元。同时，采用楼宇自控系统，通过系统架构硬件平台进行数据采集，实现智能判断、控制，做到节能增效。比如，在照明方面，运用“自适应生理采光技术”，感应区域人员活动情况，配合照度感应，实时进行灯具的开关和亮度调节等。

（三）构建高效通风系统，促进舒适度与能效双提升

由于成都地处川西盆地，夏季气温较高、湿度大、风速小、潮湿闷热，项目对建筑形态和布局进行了优化，通过局部架空设计，设置了大量的中庭空间、边庭和下沉庭院，沿主要风向预留贯通区域，不仅提供了良好的空间感受，还为室内自然通风、空气质量改善提供了有利条件。同时，在过渡季节项目通过预冷通风技术进行预冷通风，减少了空调系统电耗，达到了节能降碳的效果。

（四）打造共享、体验空间，实现绿色低碳可感可及

结合室内外中介空间，打造景观化人性化室内步行系统，覆盖了中建滨湖设计总部办公面积的87%。通过建筑周边盘旋而上的景观楼梯，将办公空间整合成为更人性化、更加环保、提供更多交往机会的场所，从设计环节减少使用者对电梯的依赖。在屋顶或庭院打造花园、交流平台、咖啡茶座，以及瓜果蔬菜种植场地、空中篮球场、羽毛球场、迷你跑道等，模糊工作与生活的界线，为员工提供与自然更加贴近的办公交流环境。

（五）“设计—建设—运营”一体化推进，打破合作壁垒

项目在建设推进过程中，坚持设计、建设、运营一体化推进和利益共享的思路。在项目前期，业主收集运营方使用需求，提交设计方，设计方给出设计方案后，由业主组织方案讨论会，运营方根据具体使用需求提出修改意见。在项目建设中，设计方和建设方一起定期考察施工现场，现场解决问题。通过让运营前置于规划设计、让设计参与现场施工、成本收益共担共享等方式，打通了生产建设供应链上下游

各环节，打破了各参与主体之间的沟通、协作、层级壁垒，确保绿色低碳建筑由图纸到落地、绿色技术由理论到实际的顺利实现。

三、经验启示

1. 秉持人与自然和谐共生设计理念，是建设近零碳建筑之基。只有深入理解人与自然和谐共生的理论基础与逻辑内涵，基于能源资源高效利用、生态环境有效保护，使建筑充分融入环境景观并与之共生，才能有效提升建筑的低碳水平和整体功能。中建滨湖设计总部选择主动开放、根植本土、回归本元的设计思路，充分利用地形地势、阳光、风等自然要素，形成人与自然的有效互动，以最低的能耗实现最大的舒适度。

2. 突出智慧共享、为低碳赋能，是建设近零碳建筑之要。只有不断推动建筑科技创新，推动人工智能、大数据、物联网等新一代信息技术与建筑领域深度融合，才能将建筑物的结构、系统、服务和管理进行最优化组合，最大限度减少温室气体排放。中建滨湖设计总部合理布局建筑空间，应用自动控制系统准确、可靠、迅速地协调发电、储能、照明、通风等各个单元工作，打造开放流动的建筑系统，构造灵活与人性化的办公空间，使建筑更加智慧、绿色和低碳。

3. 推行全生命周期算总账模式，是建设近零碳建筑之源。绿色建筑从设计、建设和运行管理等环节入手，注重从全生命周期的角度，统筹考虑降低建筑能耗和碳排放。面对建筑设计方、建设方与运营方等多方主体的利益，在项目执行过程中，达成多方主体利益联结机制，以算总账方式对项目全生命周期的经济效益、节能降碳效益和社会效益进行合理分配，推动建筑达到近零排放。

【思考题】

1. 如何平衡低碳建筑的设计方、建设方与运营方等多方主体的利益分配，促进绿色建筑投入与产出的良性平衡?

2. 当前社会普遍认为，低碳建筑建设与运维成本相较于传统建筑有较大的增量，如何消除社会认知与低碳建筑落地之间的障碍?

加快推进低碳交通运输体系建设

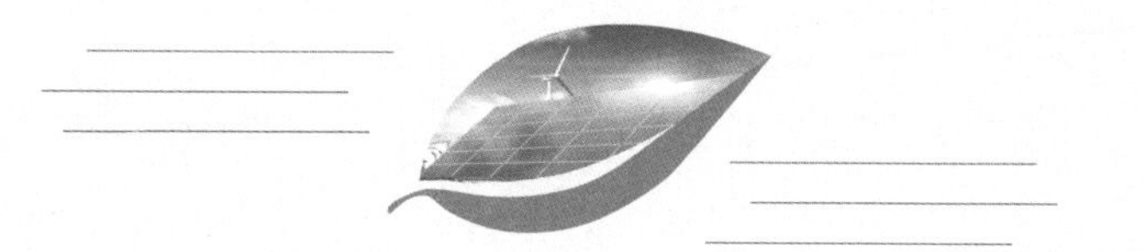

践行全过程绿色建设理念
助力民航高质量发展

——北京大兴国际机场绿色低碳实践

【引言】 2019 年 9 月 25 日，习近平总书记出席北京大兴国际机场投运仪式时指出，要把大兴国际机场打造成为国际一流的平安机场、绿色机场、智慧机场、人文机场，打造世界级航空枢纽，向世界展示中国人民的智慧和力量，展示中国开放包容和平合作的博大胸怀。

【摘要】 北京大兴国际机场以“世界水准绿色新国门、国家绿色建设示范区”为目标，全过程、全方位开展绿色低碳机场建设，全面推行绿色建筑，大力推进可再生能源应用，推动终端用电替代，强化先进科技运营提效，建成了单体面积最大的绿色三星航站楼、“海绵机场”等一批示范工程，取得了一系列标准、规范、论著、奖项成果，积极开展生态文明宣传，建成民航首个绿色发展教育基地。

【关键词】 大兴机场　绿色低碳　电能替代

一、背景情况

航空业二氧化碳排放量占全球二氧化碳排放量的2%—3%。国际航空运输协会第77届年会批准了全球航空运输业于2050年实现净零碳排放的决议。我国机场绿色低碳方面潜力大，推进航空业碳减排具有重要意义。北京大兴国际机场是习近平总书记特别关怀、亲自推动的首都重大标志性工程，位于京津冀协同发展核心区，直接辐射范围约4.67万平方公里，覆盖北京核心区、天津及河北北部，辐射人口超过1.45亿人，是京津冀协同发展的新引擎。大兴机场将绿色低碳理念贯穿于建设运营全过程，争做绿色建筑普及者、可再生能源倡导者、低碳机场先行者、高效运营引领者和环境友好示范者，成为低限度生态环境影响、高效率资源利用的典范。

北京大兴国际机场俯瞰图

二、主要做法

（一）建筑绿色化

大兴机场100%按照《绿色建筑评价标准》建设。绿色航站楼能耗小于29.51千克标准煤/平方米，比国家公共建筑节能标准提高30%，每年可减少二氧化碳排放2.2万吨。2023年，大兴机场航站楼顺利通过住房城乡建设部组织的绿色建筑三星级专家评审。机场内建设“池、渠、湖”等形成调蓄容量330万立方米，实现雨水自然积存、渗透、净化，雨污分离率、污水处理率、污水回用率均达到100%。雨水、中水等循环使用，非传统水源利用率达到30%。

（二）能源低碳化

大兴机场大力推进地源热泵、光伏发电等可再生能源项目建设，通过地源热泵满足周边257万平方米建筑的供暖制冷需求。据统计，大兴机场地源热泵2020年至2022年累计提取的地热总量相当于1.13万吨标准煤，减少碳排放3.04万吨。在停车楼、能源中心及飞行区侧向跑道旁等区域建设太阳能光伏系统，全场装机容量7兆瓦，全部投用后可实现年节约标准煤1900吨。2022年，公共区停车楼屋顶光伏发电项目实现并网发电，全年累计发电超270万千瓦时。

（三）终端电气化

一是推广使用新能源汽车。截至2023年9月底，大兴机场飞行区内共有民航牌照汽车2025辆，其中新能源车辆占比80%，在国内外机场中遥遥领先。配套建设充电桩500余个，布置在近机位幕墙侧、机位侧以及远机位和各通道口，方便车辆就近充电。自 2019 年 9 月开航至今，场内新能源车辆累计充电 841 万千瓦时，相当于节省汽、柴油约 2995 吨。二是配备飞机地面空调及电源。大兴机场所有近机位 100% 配备地井式飞机地面空调和 400 赫兹静变电源系统，减少飞机在停靠港湾期间的燃油消耗。截至 2023 年 9 月，实现节约航油约 6.28 万吨，减少碳排放约 19.78 万吨。

（四）运行高效化

一是建设全向型跑道。利用空地一体化运行仿真技术优化设计，在国内首创带有侧向跑道的全向跑道构型，可实现东、西、南、北全方向飞行，有效减少航线绕行带来的燃油消耗。二是建设高级地面引导系统。整体达到国际民用航空组织规定的四级标准（最高五级）。实现用地面智能灯光替代传统车辆引导飞机泊位，显著减少飞机在跑道上的滑行距离，降低航空燃油的使用。2022 年飞行区高级地面引导系统全场景应用平台建设进入试运行阶段，实现航空器机位需求与高杆灯智能联动，累计节电超 500 万千瓦时。

三、经验启示

1. 坚持绿色发展理念。大兴机场深入贯彻绿色发展理念，研究编制并印发了系列绿色建设文件，坚持绿色设计、绿色施工、绿色运营，确保绿色发展理念在机场全生命周期中得到贯彻落实。

2. 坚持创新驱动发展。大兴机场注重科技创新，根据工程建设需要，开展了海绵机场构建技术、大型耦合式地源热泵系统关键技术等 20 多项绿色技术的工程化应用，推动研发成果在建设中转化落地，打造了绿色机场建设标杆。

3. 坚持标准引领。大兴机场在建设过程中充分发挥标准引领作用，编制了《绿色航站楼标准》《绿色机场规划导则》《民用机场绿色施工指南》等三项行业标准，已由民航局正式颁布实施，其中《绿色航站楼标准》是中国向“一带一路”国家推荐的10部民航标准之一，为全球民航绿色发展贡献了中国智慧。

【思考题】

1. 机场建设中有哪些节能降碳举措?
2. 如何利用智慧手段助力大兴机场深度节能?

江苏内河运输开启纯电动时代

——全国首艘 120 标箱纯电动内河集装箱船正式投运

【引言】2021 年 10 月 14 日，习近平主席在第二届联合国全球可持续交通大会开幕式上强调，要加快形成绿色低碳交通运输方式，加强绿色基础设施建设，推广新能源、智能化、数字化、轻量化交通装备，鼓励引导绿色出行，让交通更加环保、出行更加低碳。

【摘要】水路运输具有运能大、能耗低等绿色低碳比较优势，为进一步提升水运行业绿色低碳发展水平、推进新能源应用，2022 年 2 月，江苏省港口集团江苏远洋开工建造全国首艘 120 标箱纯电池集装箱船“江远百合”轮。在该轮设计、建造及试点应用过程中，江苏通过完善推进机制、应用新理念新技术、优化工作流程、创新运营模式等举措，实现了试点工作的稳步推进。自 2022 年 10 月“江远百合”轮首航，至 2023 年 10 月 15 日，已累计替代柴油消耗约 74 吨，减少碳排放约 228 吨。

【关键词】内河运输　电动船舶　集装箱船

一、背景情况

江苏濒江临海、湖泊众多、河道水网发达，全省内河三级以上航道达 2488 公里，内河航道里程占全国的 1/5。全省拥有内河船 2.7 万艘、净载重 3692 万吨，分别位居全国第一、第二位。江苏也是船舶制造大省，产业集中度高，造船量连续 14 年位居全国第一。2022 年全省造船完工量达 1743 万载重吨，占全国份额的 46.0%，占世界市场份额的 21.8%。

电动船舶具有绿色低碳环保优点，通过推广应用纯电动船舶，可促进交通运输体系绿色低碳发展。2022 年 2 月，江苏省港口集团江苏远洋开展纯电动内河集装箱船舶应用研究，基于研究成果开工建造了全国首艘 120 标箱纯电池集装箱船“江远百合”轮，设计为“即插即拔”换电模式，单次换电仅需 20 分钟。该轮于 2022 年 10 月实现首航，开启了内河航运的纯电时代，对于加快推进运输结构调整、实现“双碳”目标具有重要意义。

“江远百合”号纯电动内河集装箱船舶

二、主要做法

（一）建立协同推进机制

在“江远百合”轮的研发、设计、建造及试运营过程中，交通行业管理部门联合研发设计企业、船舶检验单位、船舶运营企业，制定了《纯电动内河集装箱船舶运输试点推广工作推进机制》，成立领导小组，明确各单位工作职责，形成了工作合力。出台《江苏省纯电动内河集装箱试点应用实施方案》，从建立试点机制、建造首制船、建设充电桩、加大资金支持、优化发展环境等 8 个方面明确了工作任务，全面保障试点船舶成功运营。

（二）应用船舶设计新理念

在“江远百合”轮的设计建造过程中，强化新技术应用，实现绿色低碳、运营安全、操作灵活的目标。一是采用纯电驱动，配置三个集装箱式移动电源，总容量可达 4620 千瓦时，续航能力可达 220 公里；二是为电源配置了防火结构（六面 A—60）、消防系统、通风系统、隔振系统等，采用“即插即拔”式换电模式，安全等级高、能量补充效率高；三是船舶首部采用直型艏设计，并设置艏侧推，提升船舶操控性能，最大限度利用平面空间，提升了空间利用率。

（三）优化工作流程

在船舶设计环节，采取了图纸分批送审方式，设计方、船东、审图方密切配合，通力协作，大大缩短了图纸审核时长；在船舶检验环节，采用“嵌入式”船舶检验方式，实现船舶检验与建造两项工作的深度融合与同步推进，加强了船厂与质检部门的联络沟通，积极对接材料供应、电池组装、电力驱动等环节，保障船舶证书的核发进度。

（四）创新船舶运营模式

“江远百合”轮采用“船电分离”运营模式，江苏远洋负责船舶设计、建造，仅负担船体（不含电池）部分的固定成本，通过电价与油价的差价降低变动成本，实现投资成本回收；中国电力投资集团负责集装箱式移动电源及充换电站的投资、建设及运营，通过收取换电服务费和电池电费回收投资成本。通过成本分摊机制有效解决初始建设投资大、回收周期长等问题。

三、经验启示

1. 统筹协同的工作机制是项目顺利推进的重要保障。纯电动船舶应用涉及港口、航道、充换电站等设施建设和船舶建造等诸多环节，为保证相关工作顺利推进，需要建立高层次的统筹机制，组建由行业管理部门与港口、航运等企业共同参与的协调小组，强化自上而下资源整合，打通跨部门、跨行业的沟通渠道，协调解决港航设施建设、船舶建造检验、充换电站建设、电力供应以及在应用过程中存在的问题，为纯电动内河集装箱船舶推广应用营造了良好的发展环境。

2. 政策支持是推动纯电动船舶行业发展的重要支撑。纯电动船舶总建造成本较传统燃油船舶高出一倍以上，而且还需要建设配套的充换电设施，具有前期投资大、配套设施不健全等问题。为提高企业参与纯电动船舶应用积极性，江苏省在推动优化船舶设计、建造、审批、运营等各环节给予资金与政策支持，发挥省级财政资金引导作用，对纯电动船舶建造、船舶动力系统研发、纯电动集装箱航线开辟、纯电动船舶用电等给予一定补贴，多维度降低船舶运营成本。

3. 经营模式创新是推动纯电动船舶发展的重要方式。纯电动船舶前期投资高，多数内河航运企业难以承担建造和运营成本。为减少航运企业前期投资，降低运营风险，提高企业参与积极性，“江远百合”轮采用“船电分离”经营模式，吸引金融机构、电力供应企业、新能源投资企业等参与开展纯电动船舶、集装箱式移动电源、充换电站建设及租赁业务，形成了成本分担、收益共享机制。

【思考题】

1. 不同应用场景下电动船舶发展的商业模式如何?
2. 推进船舶电气化发展具体需要哪些政策支撑?

推进船舶交通组织一体化 破解大型商船滞港碳排放难题

——宁波舟山港以数字化助力绿色低碳航运建设

【引言】2020 年 3 月 29 日，习近平总书记在宁波舟山港考察时指出，宁波舟山港在共建“一带一路”、长江经济带发展、长三角一体化发展等国家战略中具有重要地位，是“硬核”力量。要坚持一流标准，把港口建设好、管理好，努力打造世界一流强港，为国家发展作出更大贡献。

【摘要】浙江海事局结合浙江沿海交通流量大的特点，依托数字赋能全面优化宁波和舟山海上交通组织业务流程，实施船舶交通组织一体化工程，实时共享两地海事、港口、引航等信息，全面整合船舶计划，精准管控航道组织，统筹使用两地的航道、锚地资源，实行锚泊分区，助力船舶使用经济航速 8209 艘次，累计节约燃油消耗 36 万吨，节约轻油消耗 1.7 万吨，减少碳排放 30.3 万吨，为船舶公司节省成本 11.2 亿元，促成高峰时段船舶进港效率提升 33%，锚地使用效率提升 39%，累计减少船舶待港时间 15.5 万小时，受邀在国际航标协会船舶交通服务委员会第51次会议上作专题交流。

【关键词】交通组织一体化　船舶能效　经济航速

一、背景情况

宁波舟山港是世界年货物吞吐量第一大港，整个港口属于口袋型，其中大型船舶进出核心港区主要通过虾峙门和条帚门航道，船舶交通流量大，进出船舶众多，交通流密集。实施船舶交通组织一体化之前，宁波舟山两地靠泊计划、引航计划各自编排，船方无法掌握准确的进港计划，加之港口泊位的靠泊采用“先到先得”的传统做法，迫使船舶高速航行尽快抵港，继而在港外锚泊排队等位，徒增燃油消耗。进港时，由于缺乏科学的交通组织，船舶扎堆进港现象突出，既增加了安全隐患，又因频繁动车导致二氧化碳排放增加。实施船舶交通组织一体化后，一举破除了宁波和舟山港域码头计划、船舶调度和船舶引航等信息壁垒，从制度安排和技术手段上改变了港口泊位安排陈规，全港口在同一张“时间表”下有序运转，形成了船舶采用经济航速直航进港、二氧化碳排放有效下降的新格局。

二、主要做法

（一）多方协同，统筹整合船舶计划

以“内外联动、共治共享”的理念，协同海上交通组织涉及的各地交通、海事、港口、引航、航运企业、代理等单位，整合构建统一

的交通组织计划发布平台，形成统一申报、提前审批、统一发布的一张船舶计划“时间表”，打造一体化的交通流组织新模式。船舶凭借进港序号和精确到分的进出港时间，安排经济航速进港，避免了因频繁加速减速带来的燃油消耗，也提升了宁波舟山港船舶计划的精准性、权威性，实现航运企业特别是集装箱班轮公司节本增效和减少污染物、二氧化碳排放的双赢效果。以 2M 美西线马士基艾登轮为例，从美国洛杉矶港至宁波港海上航行航程为 5800 海里，若该轮全速航行，将消耗燃油 1718 吨，按照“时间表”的经济航速航行，可节省燃油 646 吨，节约成本 203.5 万元，减少约 37% 的二氧化碳排放。

（二）精准管控，强化航道交通组织

交通组织一体化的精准管控，有效扭转了主要航道高峰时段的交通拥堵，大大提升了通航效率。以宁波舟山港核心港区主入口虾峙门东口水域为例，原来由于船舶进港计划不确定，经常出现大量船舶争相进港的拥堵局面，实施船舶交通组织一体化管理后，该水域拥堵现象基本消除。主航道船舶进口准点率达 95% 以上，引航作业 15 分钟准点率超 96%；高峰时段船舶进港效率提升 33%，雾航、大风等管制解除后船舶集中疏港效率提升 25%。

（三）锚泊分区，促进船舶直线进港

宁波舟山港将船舶抵港触发线范围扩大至原来的 6 倍，进口待泊船的可选抛锚范围显著增加，大幅降低了口外船舶的锚泊密度。对口外待泊区实施 24 小时以内、48 小时以内、48 小时以上三级分区锚泊动态管理，统筹锚地资源并精准组织，统一受理、编排、公布锚地计划，提升锚地使用效率，理顺口外锚泊船秩序，节省船舶抵港后寻找锚地

时间。设置禁锚区，物理隔绝锚泊船与进出口船舶，减少因航线交错导致的额外避让操作带来的能耗和碳排放。船舶从待泊水域起锚至船舶靠泊码头的时间平均缩短约30分钟。

（四）交通分流，实现“双通道”常态化运行

进一步巩固条帚门航道作为大型船舶常态化航道的地位，引导梅山港区、六横港区的船舶常态化使用条帚门航道进出，同时每天进出港高峰时段在虾峙门航道实施管制措施，利用一体化平台及时疏导船舶使用条帚门航道进出口。自交通组织一体化实施以来，条帚门航道日均进出口船舶艘次累计提升219%，虾峙门航道高峰时段的通航压力得到有效缓解，原有主航道船舶交通更加顺畅，待泊时间大幅减少，进而实现燃油消耗和碳排放大幅减少。据统计，2022年度，在虾峙门航道进出港高峰和因液化天然气船或大型拖带船组等进出港临时交通管制时段，共计2029艘次船舶改道条帚门航道进出港，节约燃油消耗约2232吨，减少碳排放约1786吨。

三、经验启示

1. 创新机制是基础。信息共享是交通组织一体化流程重塑的根本前提。通过建立多部门信息共享机制，打通宁波舟山两地海事、地方交通、引航机构、港航企业等单位数据，共享船舶生产计划等全流程信息，破除了部门间各自为政、信息条块分割、协同力度不够等问题。通过重塑船舶交通组织管理等工作流程，保障了船舶交通组织一体化的高效实施。

2. 规范制度是抓手。科学规范是交通组织一体化制度体系的基本

要求。通过建立完善的宁波舟山港核心港区海上交通组织规范体系，重塑了港区通航格局，有效规范船舶交通通航秩序，引导船员遵守船舶安全航行行为，形成了船舶各行其道、高效通航的良好局面。

3. 数字手段是依托。数字化、智能化是交通组织一体化实施的重要特征。充分利用数字信息化技术，实现数据有效整合、智能监测有效应用，解决了以往各系统孤立封闭、数据共享不实时、信息沟通不畅、管理部门监管效能不高等问题，实现了海上交通组织感知力、掌控力的有效提升。

【思考题】

1. 如何在全国范围推广交通组织一体化经验?

2. 数字化如何赋能提升船舶能效、交通运输结构调整、能源优化?

3. 数字化改造如何更加有效地推动“双碳”工作?

打造高能效轨道运营模式
构建高水平绿色交通体系
——厦门轨道集团地铁节能降碳实践案例

【引言】2019年9月25日，习近平总书记考察北京市轨道交通建设发展情况时指出，城市轨道交通是现代大城市交通的发展方向。发展轨道交通是解决大城市病的有效途径，也是建设绿色城市、智能城市的有效途径。

【摘要】厦门轨道集团（以下简称“集团”）多举措提升运营能效，打造“轨道＋光伏”分布式电站，形成轨道绿色新能源开发利用模式；实施风水联动空调节能改造，实现地铁车站温度自动调节；设置再生能回馈装置，充分回收列车牵引制动再生能；打造地铁特色的能源管理系统，建立地铁设计、建设、运营全过程节能管理标准；建立地铁碳积分体系，通过正向激励的方式，提升公众绿色出行获得感。2022年，厦门地铁实现了全年节电量2348万千瓦时，减少二氧化碳排放约1.9万吨，节约标准煤约2900吨，关键能耗指标在行业内处于领先地位。

【关键词】城市轨道交通　清洁能源　能源管理体系

一、背景情况

城市轨道交通作为大容量公共交通基础设施，是解决城市拥堵、改善城市大气环境质量、保障市民绿色出行的主要方式。根据城市发展规划，2030 年前厦门轨道交通建设仍将处于高速增长阶段。2022 年 8 月，《中国城市轨道交通绿色城轨发展行动方案》提出城轨交通全产业链各个环节和全生命周期各个阶段，要最大限度地降低能耗，减少二氧化碳排放；最大幅度地提升能效和资源利用率，提高运输效率；最大可能地采用清洁能源，推动用能结构转换；最大程度地促进与城市协调发展，优化绿色出行，构建低碳排、高效能、大运量的绿色化城市轨道交通。厦门轨道集团建立绿色城轨发展体系，重点开展绿色规划先行、绿色城轨建设、节能降碳增效、出行占比提升、绿色能源替代、全面绿色转型等六大行动，精心打造了一批绿色城轨示范项目，有效推动了厦门轨道交通绿色低碳高质量发展。

二、主要做法

（一）积极开发利用绿色能源

为充分开发利用绿色能源，集团选择 2 号线东孚车辆段运用库作为试点，采用合同能源管理模式，引入专业公司合作开发，集团在零成本投入情况下，利用闲置屋顶布设上万块光伏板，发电全部自用，打造“轨道 + 光伏”项目。项目建设容量为 5.88 兆瓦，于

2023年3月正式并网，每年可提供清洁电力600万千瓦时，相当于节约标准煤约740吨，减少二氧化碳排放约4800吨，降碳效益显著。

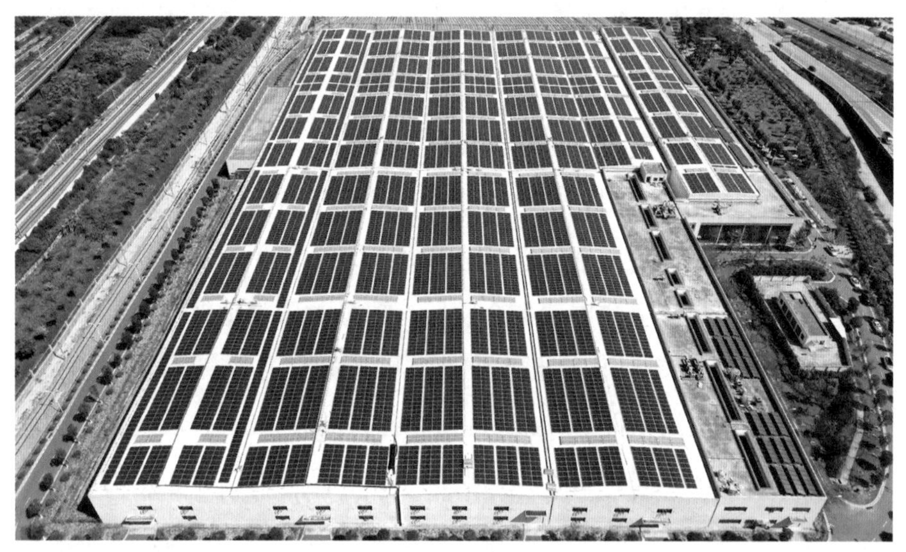

厦门轨道交通“轨道光伏”项目——东孚车辆段屋顶光伏板

（二）实施节能改造

集团深入评估系统节能潜力，选择重点环节、重点领域实施节能改造项目，取得显著成效。实施1号线车站空调节能改造，采用通风系统与空调水系统联合控制新技术智能装置，优化系统能耗控制逻辑，实现地铁车站环境温度按照设定的目标温度智能调节，仅2022年6—12月就实现节电约280万千瓦时。在2、3号线增设再生能回馈装置，将电客车刹车动能转为电能并回收至电网，每年可回收电能约600万千瓦时，并降低了因制动发热导致的车内制冷需求。

（三）建设能源管理系统

基于地铁用电环节多、总量大等特点，集团积极开发应用能源管理系统，对各环节、设备的用能情况进行实时监测，结合客流、行车里程、室内外环境温湿度、二氧化碳浓度、通风空调水系统温度、水流量等数据进行分析，可及时发现异常用能情况并发出警报，缩短异常情况处理用时。

（四）建立节能管理标准体系

制定包含地铁设计、建设、运营全过程的能源管理标准共 12 项，其中 1 项已升级为地方标准。通过标准的制定与实施，有力指导了后续地铁线路的节能设计工作，发挥了规范引领作用。如在 3 号线建设过程中，有效避免了保温棉包裹不当、传感器安装位置不合理、管路支架安装不当等问题，整体较 1 号线节能约 10%。

（五）建立碳积分体系

2022 年 4 月 15 日，集团发布地铁碳积分体系，建立绿色出行激励机制，基于乘客的出行里程和消费金额发放碳积分，结合主题节日活动推出碳币兑换功能，提升居民绿色出行获得感。截至 2023 年 10 月，碳积分体系已累计运行 18 个月，共有 54.61 万人参与碳积分，累计碳里程 6.54 亿公里，个人碳里程最大值为 3.52 万公里。

三、经验启示

1. 坚持系统思维，全面节能降碳。集团致力构建科学管理体系，提出“全过程能源管理”策略，开展涵盖能耗指标体系、能源管理系统、车站设备节能、系统运行节能等方面的系统性研究，建立起一套科学、可复制、多专业的能源管理体系，有效保障了厦门轨道交通的绿色发展。

2. 坚持创新驱动，持续迭代升级。集团始终坚持科技引领、创新驱动，在既有线不断实施节能改造和管理创新，在新建线积极引进先进节能装备、绿色装配技术、绿色低碳材料，不断推进绿智融合，实现整体节能降碳能力持续提升。

3. 坚持全民共建，凝聚降碳合力。集团积极履行企业社会责任，深挖城市轨道交通节能降碳潜力，在开发利用绿色能源、实施节能改造、加强节能管理的基础上，通过地铁“碳积分”等方式加强公众绿色出行的参与感，提升地铁出行意愿，有效助力城市交通绿色化发展，实现了城市环境效益与经济效益的双赢。

【思考题】

1. 在推进轨道交通绿色发展的同时，如何发挥轨道交通在大交通体系绿色转型中的引领带动作用?

2. 在完善采取“轨道 + 公交 + 慢行”高品质绿色交通体系、加快轨道交通建设和建立碳积分体系等措施的同时，如何实行更有力的举措提升绿色出行比例?

打造世界一流绿色港口

——山东港口青岛港引领港口智慧绿色低碳转型

【引言】2018年3月8日，习近平总书记在参加十三届全国人大一次会议山东代表团审议时强调，要加快建设世界一流的海洋港口、完善的现代海洋产业体系、绿色可持续的海洋生态环境，为海洋强国建设作出贡献。

【摘要】山东港口青岛港坚持生态优先、绿色发展，积极承担减排责任，大力推动绿色低碳发展，通过构建港口清洁能源体系、推进绿色交通基础设施建设、推广绿色低碳运输方式、开展智慧绿色港口建设等推动港口产业绿色低碳转型。青岛港先后荣获国家环境友好企业、“绿色港口”等荣誉称号，在2023绿色与安全港口大会上，青岛港自动化码头获评五星级“智慧港口”、五星级“绿色港口”。

【关键词】青岛港　智慧港口　绿色低碳

一、背景情况

绿色智慧港口的建设有助于降低港口的能耗和碳排放，提高港口的能源利用效率和环境保护水平，为航运业的绿色转型提供有力支撑。山东港口青岛港作为中国第二大外贸口岸、沿黄流域最大的出海口，是水路、陆路货物的集散枢纽，年靠泊船舶2.3万余艘次，机械、车辆等设备集聚，耗油耗电量大。在“双碳”目标引领下，青岛港加快推进绿色低碳港口建设，在清洁能源利用和运输结构调整上下足功夫，走出了一条国际领先的智慧绿色港口发展之路。

二、主要做法

（一）科技赋能，构建港口清洁能源体系

一是推进能源供给改革。秉持“应建尽建”原则，统筹规划建设港区光伏，开展桥吊机房光伏改造，快速推进仓库、办公楼、变电所等区域光伏建设，创新实施港区未利用土地光伏项目，全港在建、已建光伏改造项目约10万平方米，年发电能力超过1000万千瓦时，提供了港口1.2%的用电。

二是推进终端电能替代。完成拖轮、轮胎吊等九大燃油主力机种“油改电”改造。建成电动牵引车换电站，全国首艘“油电混合”智能拖轮正式投用，年可减少二氧化碳排放约600吨。岸电泊位覆盖率达到100%。

三是积极探索氢能应用。在港口内建设加氢站，创新运用氢能集

卡、氢动力轨道吊等港口设备。其中氢动力轨道吊设备，每标准箱减少约 3.5 公斤的碳排放量和 0.11 公斤的二氧化硫排放量。按年产能 300 万标箱计算，年减排二氧化碳 2.1 万吨、二氧化硫 640 吨。

山东港口青岛港自动化码头

（二）优化结构，加快形成绿色低碳运输方式

一是推广海铁联运模式。开通海铁联运班列，实现与山东、河南、陕西、新疆等地主要物流枢纽城市的互联互通。2022 年，矿石等大宗货物“铁路 + 水路”运输占比达到 83%，海铁联运箱量 190 万标准箱，连续多年位居全国沿海港口首位，大大减少了入港柴油货车数量。

二是构建油品绿色安全输运通道。港口建成原油长距离输送管线 970 多公里，贯穿青岛、潍坊、东营、滨州、淄博等市，覆盖山东地炼 60% 的规模以上炼厂，2022 年，进口原油“管道 + 水路 + 铁路”运输占比 88%，公路运输占比大幅降低。

三是首创智能空中轨道集疏运系统。建成智能空中轨道集疏运系统，实现了空轨技术与港口业务的有机融合，打通了集装箱运输港、船、站、场间的“最后一公里”，实现了港区交通由单一平面向立体互联的突破升级。

（三）创新驱动，大力推进智慧绿色港口建设

一是打造智慧绿色港口典范。研制了基于人工智能的图像分类算法、机器视觉、自学习、激光传感等技术的船舶和火车车厢自动清扫设备，建成干散货智慧绿色码头，实现了船舱和车厢无人绿色清扫和余料收集，平均能耗降低 10%，人员配置减少 15%，安全风险点降低 70%，各项指标显著优于传统人工干散货码头。

二是持续提升港口智慧化水平。综合运用地理信息、物联网、数字孪生、大数据分析等技术，自主研发了全自动化集装箱码头智能管控系统，实现了“电子海图、港区测绘图、路网图、遥感影像图”四图合一和港区各生产要素的数字化管理，港口智能配载效率提升了 17 倍以上，缩短了到港船舶待时，泊位利用率大幅提升。

三、经验启示

1. 深化能源结构调整，是实现港口绿色低碳转型的关键举措。港口用能长期以电力、柴油为主，是港口二氧化碳排放的主要来源。青岛港以终端用能电气化、电力来源绿色化为重点，加快推进港口作业与新能源融合发展。实施清洁能源替代，推动风光互补一体化建设，实现了能源供给多元化、能源使用清洁化，为港口能源绿色低碳转型探索了可行路径。

2. 突破关键核心技术，是实现港口绿色低碳发展的核心引擎。青岛港深知建设世界一流海洋港口必须把关键核心技术掌握在自己手中，聚焦智慧绿色赋能，攻克 10 多项世界性技术难题，实现了科技自立自强，塑造了港口发展的新动能、新优势，站在了世界港口智能化、低碳化领域的前沿，也为全球自动化码头建设运营提供了经验。

3. 贯彻落实国家重大战略决策，是实现港口绿色低碳发展的动力源泉。青岛港把推动绿色发展作为重要使命责任，坚决贯彻落实国家重大战略决策，通过清洁能源普及利用、核心设备自主创新、节能技术示范推广等创新举措走出了港口智慧绿色之路，以高质量发展助力绿色发展，也为生态文明建设作出了良好示范。

【思考题】

1. 港口设备设施多、能耗量大，碳排放相对集中，通过哪些路径可以加快推动港口企业实现“零碳”目标?

2. 如何更好地发挥港口枢纽作用，推动港口及上下游产业链企业共同实现碳中和目标?

3. 如何更好发挥港口作用，促进区域经济高质量、可持续发展?

构建绿色货运配送体系
服务交通高质量发展

——湖南长沙市“绿色货运配送示范城市”建设实践

【引言】2020年9月9日，习近平总书记在主持召开中央财经委员会第八次会议时强调，要完善现代商贸流通体系，培育一批具有全球竞争力的现代流通企业，推进数字化、智能化改造和跨界融合，加强标准化建设和绿色发展，支持关系居民日常生活的商贸流通设施改造升级、健康发展。

【摘要】长沙交通运输系统围绕建设国家综合交通枢纽中心目标，紧扣“大交通”和“高质量”两大关键，深入贯彻创新、协调、绿色、开放、共享新发展理念，在构建专网、设置专道、设立专区、出台专标、配套专款上做文章，加快货运行业绿色低碳转型，发展智慧交通和智慧物流，打造格局更高、品质更优的现代化绿色货运配送示范城市。长沙市2018年启动城市绿色货运配送示范工程建设，现已基本建成集约高效、服务规范、低碳环保的城市绿色货运配送体系。

【关键词】城市配送　绿色货运　智慧物流

一、背景情况

城市货运配送是城市运转的动脉，是交通高质量发展的窗口。2018年8月，长沙市获批绿色货运配送示范工程创建城市，创建过程中坚持以货运配送枢纽建设为基础，以运输组织模式创新为引领，以信息系统平台应用为支撑，整合货运配送资源，优化货运配送车辆城区通行管控措施，大力推广电动货运配送车辆，推进城际干线运输和末端城市配送的有机衔接。2021年8月，长沙市获得“绿色货运配送示范城市”称号。

二、主要做法

（一）培育绿色配送“良好生态”

一是构建专网。布局形成了干支衔接型货运枢纽（物流园区）为一级节点、公共配送中心为二级节点、末端配送网点为三级节点的货运配送网络。中心城区商贸流通企业通过横向联合、集约协调、求同存异以及效益共享等多种方式，降低作业成本、提高物流资源的利用效率，采用共同配送的比例达67.7%。

二是设置专道。出台了一套分时、错时、分类的通行管控措施，限时、限量控制燃油货车进入，新能源物流车可在除少数路段外的城区全时段通行，鼓励企业利用新能源车辆从事城区物流配送作业。根据测算，长沙4000多台电动城配车辆，一年可节油300万升。

三是设立专区。设立分级“绿色物流区”，出台新能源货运配送车辆停车优惠收费政策，推行通行证网上办理。在中心城区商业区、居民小区、大型公共活动场所等区域设立150余个货运配送车辆临时停车位，破解了配送车辆“进城难、停靠难、装卸难”问题。

四是出台专标。出台了《长沙市绿色城市配送车辆标志标识喷涂技术指引》，设计了城市配送车辆标识，规范城市配送车辆，提升城市品牌形象，让城市配送车辆成为流动的绿色、文化的窗口。实施快递电动三轮车车型、标识、备案、保险、培训“五统一”，完成“五统一”上牌的电动三轮车7956辆。

五是配套专款。设立了城市绿色货运配送发展专项资金，支持绿色货运配送企业发展，对有效电子运单达到一定规模的企业及新能源货运配送车辆营运予以资金扶持。2022年，发放资金近5000万元，惠及10家城市配送企业、3家网络货运企业、2家公共配送中心，支持2960台新能源车辆配送运营。

长沙市绿色货运配送车

（二）培植新型绿色货运行业“参天大树”

一是壮大枝繁叶茂的“枝干”。坚持问题导向，出台一系列符合地方实际、解决行业诉求的政策措施支持行业发展。对购置使用新能源汽车的消费者、快递企业分拨中心及仓储建设和年度物流业务收入达到一定规模、获得企业标准化认证的企业等予以补贴。一批物流企业成长为行业龙头，通过试点带动，提高了行业的现代化、标准化、信息化、智能化水平。

二是培育快速成长的“新叶”。推进多式联运一体化发展，优化调整运输结构，积极组织和支持企业申报国家甩挂运输、多式联运等试点示范，全市4家企业成为国家公路甩挂运输试点企业，1个项目入选国家多式联运示范工程项目。长沙市挂车数量从8000余辆增长至13277辆，牵引车和挂车之比从1∶1.29增长至1∶1.43。推动无车承运经营者依托互联网平台整合配置运输资源，实现了传统零散货运集约高效发展。

三是扎牢服务基层的“根系”。健全延长城市配送链条，优化农村物流网点布局，扩大农村物流服务范围，整合资源降低网点建设成本，平衡城乡物流供需，推动货运物流配送与邮政快递在农村地区创新发展，全力打通农村货运物流配送“最后一公里”。

（三）培厚绿色产业发展“肥沃土壤”

一是强化数字赋能。搭建城市绿色货运配送监测服务平台，助推企业信息化、科技化水平提升。充分利用智能大数据在网上精准配置监测电子运单，有效保障各方资质，对交易、运输轨迹实现全程动态监控，提高了城市货运配送效率，降低物流成本。

二是实行标准经营。出台城市配送企业运营服务规范标准，规定城市配送企业运营服务的基本要求、评价指标、风险控制、评价与改进等内容，指导城市配送企业规范运营和服务，促进城市绿色货运行业长效发展。

三是加强考核管理。出台《长沙市城市配送企业考核管理办法》，将城市配送企业运输安全、配送货物运输量、配送货运周转量、共同配送率、夜间配送率等指标纳入考核范畴，对35家城市绿色货运配送试点企业开展考核，考核结果作为市级绿色货运示范企业评定依据。

三、经验启示

1. 大力推广绿色交通工具，是建设绿色货运配送体系的手段。通过配备新能源物流车，2023年长沙市城市配送车辆吨公里运输成本较2018年降低18.73%，百吨公里周转量燃料消耗降低24.59%，实现了节能降碳减污。

2. 完善配套支持政策，是建设绿色货运配送体系的保障。长沙交通部门结合地方实际制定一揽子政策，设置城市道路的通行权、设立绿色专区、提供绿色专款，引导绿色货运配送示范企业使用燃油车向新能源物流车的转变，有力推动了传统货运向绿色低碳货运转变。

3. 加强考核管理，是建设绿色货运配送体系的关键。货运物流作为服务型产业，准入门槛低，企业及从业人员多，长沙市在绿色货运配送示范城市创建中，制定了城市配送企业考核管理办法，对道路货物运输企业的安全生产、经营行为、服务质量、管理水平和履行社会责任等开展综合评价，有利于引导企业规范经营。

【思考题】

1. 如何更好解决新能源物流车充电难、充电时间长的问题?

2. 如何推动氢燃料电池车等其他类型新能源车在干线运输等远距离场景的应用?

大力发展循环经济

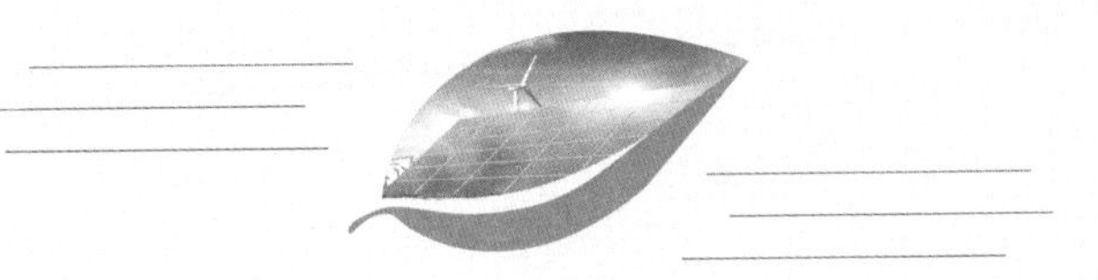

能源工业农业大循环
助力实现碳达峰碳中和

——江南环保氨法碳捕集联产氮肥绿色产业链技术案例

【引言】2023年9月8日，习近平总书记在黑龙江考察时强调，坚持绿色发展，加强绿色发展技术创新，建立健全绿色低碳循环发展经济体系。

【摘要】大力发展新能源、加强煤炭高效清洁利用、降低工业生产过程碳排放，是确保我国在能源安全、产业链供应链安全的基础上实现“双碳”目标的重要举措。江苏新世纪江南环保股份有限公司（以下简称“江南环保”）积极融入国家战略，瞄准“双碳”目标，发挥企业创新主体作用，自主开发了氨法碳捕集联产氮肥绿色产业链技术。该技术可利用风光等新能源制备绿氨，也可利用化工企业排放的废氨水，用于大气污染物脱除和二氧化碳捕集，并联产氮肥用于农业，实现了能源、工业、农业的产业链接。2022年1月，首套工业化示范装置在宁波久丰热电厂建成投运，在实现燃煤电厂大气污染物超低排放的同时，每年可脱除二氧化碳约2000吨，减污降碳效果显著。

【关键词】碳捕集利用　联产氮肥　循环经济

一、背景情况

“十四五”时期，我国生态文明建设进入了以降碳为重点战略方向、推动减污降碳协同增效、促进经济社会发展全面绿色转型、实现生态环境质量改善由量变到质变的关键时期。未来一段时间，我国煤电仍发挥着重要兜底保障作用，碳捕集利用是碳中和技术之一；新能源大规模开发和电力系统消纳能力匹配不足问题亟待解决，传统化工企业氨废水处理不当将对环境造成持续性污染，利用新能源或化工废水制氨可变废为宝，全面提升经济和环境效益。同时我国农业碳酸氢铵肥料存在一定缺口。江南环保瞄准“双碳”目标，自主研发氨法碳捕集联产氮肥绿色产业链技术，利用绿氨或废氨水捕集烟气中的二氧化碳并转化为低成本碳酸氢铵化肥，并利用电厂余热和低浓度二氧化碳构建植物工厂，成功探索出了一条循环经济助力碳达峰碳中和的新路径。

二、主要做法

（一）集中力量攻克技术难关

江南环保在既有氨法脱硫脱硝技术基础上，研究提出以氨为脱碳剂联产氮肥的技术路线。针对多学科交叉、协同创新特点，组建集工艺、设备、工程、运行及农业等专业的项目攻关团队，自筹资金开展项目研发。公司对碳捕集联产氮肥产业链研发团队赠送股权和提供项目负责人专项奖励，制定高于常规项目几倍的绩效奖励制度，形成“着眼未来、利益共享、风险共担”的利益共同体；与江苏省农业科学院、中国科学院南京土壤研究所、上海化工研究院、中国科学院沈阳应用生态研究所等搭建合作平台，推动产学研合作，加快成果转化应用。2021 年在宁波久丰热电厂进行工业化试验，实现了碳捕集联产碳酸氢铵化肥，氨逃逸稳定控制在 3mg/Nm^3 以下，二氧化硫及颗粒物排放浓度均优于超低排放指标。

（二）持续优化技术路线

在宁波久丰热电厂工业化试验基础上，项目组持续优化工艺路线，进一步开发气氨直接碳捕集技术、自动升温化料技术、反应共结晶技术，将碳捕集效率从原来的 60% 提高到 90%，氮肥产能增加了 50% 以上，碳酸氢铵的粒径、含水量等指标达到《农业用碳酸氢铵》（GB 3559–2001）一等品要求。2022 年 11 月，江南环保进一步提出“碳捕集联产氮肥 + 植物工厂”一体化技术路线，在内蒙古建元煤焦化有限责任公司进行推广应用，预计可捕集二氧化碳 120 万吨 / 年、构建植物工厂 15 公顷。2023 年 3 月，该技术获得科技部火炬中心全国颠覆性技术创新大赛优胜奖。

（三）努力创造综合效益

该技术可利用弃风弃光、谷时新能源电力制的氨以及化工企业废氨水进行碳捕集。利用脱硫脱碳过程中的余热、冷凝水、绿肥及二氧化碳气肥发展植物工厂，大幅提高农业生产效率，可降低生产成本 50% 以上。通过新能源制氢、烟气二氧化碳捕集和余热利用，同时缓解了新能源消纳难、电厂二氧化碳排放高、农业产出效率低等问题，具有良好的经济、环境和社会效益，实现能源、工业、农业的大循环。

三、经验启示

1. 主动融入国家战略。江南环保贯彻落实国家碳达峰碳中和重大战略，以“双碳”为引领，更新定位公司发展方向，明确工作重点和着力点，结合公司原有技术优势，从环保向“双碳”领域拓展，由末端治污的传统环保企业向全流程减污降碳协同的系统供应商转变，成功探索出碳捕集产业技术路线。

2. 积极发挥企业创新主体作用。江南环保秉持创新发展理念，将创新作为企业的核心竞争力，持续在研发上加大投入，研发投入占比达到9.2%，组建以项目为载体的多专业融合创新团队，建立了股权激励机制、容错机制等。20年磨一剑，突破了氨逃逸等技术难题，开创了氨法脱硫技术，成功研发了“碳捕集联产氮肥技术”，将二氧化碳资源化，变废为宝，助力推动高碳排放行业绿色低碳转型。

3. 践行绿色低碳循环发展。江南环保瞄准新能源消纳难、化工行业废弃氨水环境污染、工业尾气碳排放高、农业氮肥缺口大等问题，从能源、工业、农业全产业链循环发展着眼，统筹考虑探索建立氨法碳捕集联产氮肥技术，在原料端可消纳风光发电资源或化工废弃氨水，在生产端可解决烟气二氧化碳高排放，在产品端通过副产低成本碳酸氢铵可解决农业氮肥缺口，为高碳排放行业低碳转型探索出了更加经济的路径。

【思考题】

1. 发展循环经济应把握的原则是什么?
2. 碳捕集联产氮肥绿色全产业链重点解决了哪些问题?

建立生活垃圾回收利用体系 引领居民低碳生活新风尚

——生活垃圾分类回收利用体系助力“双碳”战略的浙江实践

【引言】2016年12月21日，习近平总书记在中央财经领导小组第十四次会议上指出，要加快建立分类投放、分类收集、分类运输、分类处理的垃圾处理系统，形成以法治为基础、政府推动、全民参与、城乡统筹、因地制宜的垃圾分类制度，努力提高垃圾分类制度覆盖范围。

【摘要】浙江杭州市余杭区以生活垃圾分类为突破口，建立再生资源回收“前端收集一站式、循环利用一条链、智慧监管一张网”的城市废旧物资循环利用体系，破解居民垃圾分类参与难的问题；建立“收集—运输—分拣—利用”的闭环产业链体系，做到资源回收利用率95%以上；建立全流程数字化监管网络，开发“一键回收”数智低碳应用，激发居民主动参与垃圾分类回收积极性。该模式目前已经推广到浙江省5个地市、9个区县、超过100万户居民，日生活垃圾回收量达600吨，累计碳减排30.26万吨。

【关键词】垃圾分类　资源利用　一键回收

一、背景情况

随着我国居民生活水平的提高，生活垃圾的产生量持续增长，2022年，全国生活垃圾日产生量达到110万吨，其中杭州就达到1.27万吨。垃圾分类看似居民个人的生活小事，却是关系全社会生态文明建设的民生大事。当前传统生活垃圾分类和资源回收模式还存在诸多不足，迫切需要探索新型高效垃圾分类模式。一是生活垃圾量大面广分散。杭州市生活垃圾产生量分布在400余万户家庭和各类消费场所。二是再生资源回收链条不完整。生活垃圾中仅有约35%属于可回收的再生资源，传统再生资源回收企业“挑三拣四”，对于低价值物不闻不问，造成大量的资源浪费。浙江积极探索通过培育市场主体，整合环保、数字经济、平台经济等社会资源优势，鼓励政府购买服务引进龙头企业，探索了一系列生活垃圾分类回收循环利用的创新模式。2015年以来，杭州市余杭区通过“先试点、再示范、后推广”的方式，培育了生活垃圾分类和再生资源回收“虎哥模式”，实现居民回收一站式、企业运营一条链、政府监管一张网，资源回收利用率达到95%以上。

二、主要做法

（一）前端收集一站式，完善废旧物资回收网络

按照2000户居民设置一个服务站点、每个站点配置3名宣传人员

和2名回收人员的标准，余杭区建立了179个虎哥服务站，向居民提供垃圾分类宣传和上门回收服务。为提高居民交投废旧物资便利化水平，服务站统一向居民发放可回收物支架和专用回收袋，将所有可回收物（纸张、玻璃、金属、塑料、纺织物、电器及各类低价值物）"一网打尽"。居民可呼叫回收人员上门回收，根据回收物资价值获得相应碳减排积分，用于在指定线上线下商店兑换商品或提现。建立"共富商城"，浙江省已向居民发放"环保金"近2.9亿元，引导居民购买山区26县和川西68县的农副产品，创新了"民帮民"的共同富裕模式。

（二）循环利用一条链，健全废旧物资循环利用体系

余杭区建立了一座面积3万平方米的末端分拣中心，以及由80辆专用运输车组成的废旧物资回收队伍，形成了完整的"收集—运输—分拣—利用"废旧物资循环利用体系。前端收集的可回收物运输至分拣中心，精细分拣为9大类40余个小类，然后作为原料供给有资质的再生企业加以利用，提升再生资源加工利用水平，垃圾的资源化利用率达到95%以上，无害化率达到100%。

（三）智慧监管一张网，促进废旧物资回收行业数字化管理

构建实时在线的数据监控废旧物资溯源信息、收运信息、处置利用信息、碳减排信息管理，建立全过程碳减排量透明化台账。余杭区、虎哥环境公司联合上线"一键回收"数智低碳应用系统，实现了居民、企业、政府"三端融合"，市民可以一键下单呼叫回收，企业能一键点击实现上门回收，政府可在线监测各镇街、各社区再生资源回收量。依托系统开发了居民生活垃圾可回收物碳减排核算方法学及行业碳减

居民小区虎哥服务站

排量监管评价体系，在余杭区建立了50.5万个居民碳账户，接入浙江省碳普惠平台。

三、经验启示

1. 以便捷化驱动百姓积极性，解决老百姓的源头参与难题。向每户居民发放可回收物支架和专用回收袋，采用排除法对易腐的可回收物和有害垃圾进行兜底回收，采用“一键呼叫、1小时上门”的便捷形式，让居民“听得懂、做得到、喜欢做”，并配套“环保金”奖励，激活再生资源回收全民参与的积极性，让百姓端的再生资源回收简单化、便利化。

2. 以数字化驱动行业标准化，实现再生资源回收产业快速发展。“虎哥模式”建立全流程形象统一、价格统一、“收、运、选”标准统一的运营标准体系。数字化赋能有效落实运营标准并提升运营效率，是废旧物资回收行业转型升级的重要方向。平均仅需 3 个月就可实现地级市生活垃圾回收全覆盖。

3. 以规模化调动市场积极性，实现再生资源回收产业高质量发展。以区或县为单位推动生活垃圾分类，可以形成规模效应，提高企业盈利水平。同时有利于地方政府统一监管，减少财政负担。3 年内，余杭区政府购买服务的成本下降了约 30%。

【思考题】

1. 绿色低碳循环发展中，如何让居民从被动参与转为主动参与?

2. 如何提升再生资源回收企业绿色财富收入，推动行业从“低小散”向标准化转型?

废旧家电处理的绿色低碳新实践

——海尔智家构建废旧家电回收拆解再利用闭环体系

【引言】2017年5月26日，习近平总书记在主持十八届中央政治局第四十一次集体学习时指出，要树立节约集约循环利用的资源观，更加重视资源的再生循环利用，用最少的资源环境代价取得最大的经济社会效益。

【摘要】我国正处于家电报废高峰期，如果家电回收处理不当，将造成资源浪费和环境污染。海尔智家深入落实生产者责任延伸制，利用其在销售、维修、服务网络及智能制造等方面的突出优势，以在青岛莱西建设的再循环互联工厂为主体，向上游的废旧家电回收延伸，向下游的拆解物再利用布局，形成“一体两翼”模式。通过打造全域化、可视化、规范化的废旧家电回收网络体系，持续创新精细化拆解和高价值再生工艺，建设全链条数字化智能工厂，并积极创建“双碳”教育样板科普基地，构建了“回收—拆解—再生—再制造”的再循环生态体系。

【关键词】循环经济　废旧家电　回收利用

一、背景情况

据统计，我国家电保有量超21亿台，2022年报废量超2亿台。完善废旧家电回收处理体系，对于实现材料和产品的循环利用，推动循环经济发展具有重要意义。2020年以来，国家有关部门陆续出台一系列文件，对建设规范有序、运行顺畅、协同高效的废旧家电回收处理体系等作了全面部署。在国家政策的鼓励和支持下，海尔智家以废旧家电回收为切入点，建设了具备300万台年拆解废旧家电能力和3万吨循环材料生产能力的全链条数字化工厂，积极构建"回收—拆解—再生—再制造"的再循环产业体系，打造行业绿色循环示范工厂。

二、主要做法

（一）打造全域化、可视化、规范化的废旧家电回收网络体系

利用自身营销网、服务网、物流网、渠道网的优势，通过线上线下融合的方式构筑覆盖全国的家电回收网络。在线下，海尔智家整合3.2万家线下门店、100余个物流配送中心，覆盖全国2800多个县市；在线上，用户可通过海尔智家App、官网、微信公众号等提交回收需求，由工作人员上门评估处理，如果用户有更新换代的需求，则可以实现收旧和送新一次上门、一次物流完成。创新构建了全链条回收追溯系统，搭建全民绿色回收平台，保证回收品质和交易真实，解决目前家电回收流程不清晰、回收体系不明确、回收服务不到位的行业难

题。2022年，海尔智家回收“四机”（电视机、电冰箱、空调、洗衣机）613万台，超额完成既定回收目标。

（二）科技创新引领，以创新技术实现精细拆解

海尔智家自主研发冰箱智能拆解、拆解料高精度分选等行业先进技术，拆解效率比行业同类工厂高出30%。以冰箱拆解为例，海尔智家自主研发的大冰箱环保破碎系统每小时可拆解500升以上大容量冰箱120台，破碎、分选等关键环节设备效率较行业平均水平高出20%；废铁分选率99%，高于行业95%的水平。在压缩机拆解中，创新采用等离子切割工艺，实现自动化拆解、打孔沥油，更加安全、环保、规范。

（三）高值循环减碳，打造行业先进的再生综合利用产线

海尔智家持续创新再生工艺，布局建设8条塑料再生造粒线，推进塑料循环综合利用，循环新材料年产能达3万吨，较生产原生塑料减排二氧化碳10.8万吨。创新冰箱保温用泡棉循环再生技术，将原本仅能通过燃烧或填埋处理的低值废物再生为保温板材，可循环使用。持续加大对循环新材料研发，探索原材料全生命周期管理，推进汽车、家电、日化产品等再制造，实现材料循环再生和高价值应用。

（四）数字化赋能，探索绿色循环经济发展新模式

利用数字技术，打造全链条数字化智能工厂，通过智能设备互联互通、全流程数字化监控，保证了每一台废旧家电的规范化、精细化处置，最大程度地降低环境污染。针对废旧家电拆解企业立项审批复杂、信息录入任务繁重等问题，搭建再循环产业大数据平台，帮助企

海尔智家再循环互联工厂再生塑料生产车间

业实现仓储管理、物流配送、产品加工、物料转运等全过程高度自动化作业。

（五）开展科普宣传，积极创建“双碳”教育样板科普基地

积极承担社会责任，将再循环工厂打造为“双碳”科普教育基地，面向全社会开放，定期组织参观活动，设置专职讲解员，宣讲推进废弃电器、电子产品回收的重要意义、拆解再生工艺技术，发展循环经济产业的经济、环境和社会效益，为循环经济示范城市建设和“无废城市”建设贡献教育力量。截至2023年9月，参观人数累计已达1万人次。

三、经验启示

1. 坚持以创新打造比较优势。海尔智家深刻认识到创新对企业的

作用，从再循环互联工厂废旧家电拆解切入，自主研发先进技术工艺，形成了“绿色设计、绿色制造、绿色营销、绿色回收、绿色处置、绿色采购”的6-Green战略，将低碳节能融入产品全生命周期，探索绿色低碳发展新模式，有效驱动全产业链绿色发展。

2. 以数字化的回收体系促进资源循环利用。海尔智家通过构建以数字化为基础的“回收—拆解—再生—再制造”的绿色循环体系，规范回收利用废旧家电，借助先进的信息化手段和再循环产业大数据平台快速提升废旧物资循环利用水平，推动家电行业进入资源循环利用“加速赛道”。

3. 坚持以科普教育助力绿色低碳生活。实现“双碳”目标需要全社会的长期共同努力。海尔智家立足地区和行业发展需求，通过打造再循环“双碳”科普基地，运用新一代多媒体技术和数字化手段，向全社会宣传“节能、环保、低碳”的绿色发展理念，组织系列特色公益科普活动，宣传、普及绿色低碳知识，吸引了大批消费者和青少年积极主动践行绿色低碳生活方式。

【思考题】

1. 如何进一步发挥家电生产企业优势，推动生产者责任延伸制度的落实？

2. 如何进一步引导并规范资源回收处理和再利用领域各方融合发展？

健全废旧金属回收网络　做强产业链条

——河南长葛经济技术开发区循环经济产业园推动再生金属高值化利用实践

【引言】2022年9月6日，习近平总书记主持中央全面深化改革委员会第二十七次会议时指出，坚持把节约资源贯穿于经济社会发展全过程、各领域，推进资源总量管理、科学配置、全面节约、循环利用，提高能源、水、粮食、土地、矿产、原材料等资源利用效率，加快资源利用方式根本转变。

【摘要】废旧金属回收利用是推动钢铁、有色金属行业实现“双碳”目标、加强资源保障的重要途径之一。长葛经济技术开发区循环经济产业园锚定“双碳”目标，不断健全废旧金属回收体系，壮大再生金属产业规模，做大龙头企业，做强产业集群；围绕再生金属主导产业延链补链强链招商选资、培育企业项目，完善产业链条；加强科技攻关和技术引进，强化技术支撑，加强资金激励，推动园区再生金属产业高质量发展。园区成为全国最大的废旧金属回收交易加工基地。2022 年，年回收废旧金属达 400 万吨，年加工量达到 350 万吨，节约标准煤 740 余万吨，相当于减排二氧化碳近 1800 万吨。

【关键词】循环经济产业园　废旧金属　回收利用

一、背景情况

长葛经济技术开发区循环经济产业园位于河南省长葛市大周镇西南部，成立于 2010 年 12 月，建成区面积 5.01 平方公里，远期规划面积 26.88 平方公里。园区主导产业为再生金属及制品，现有规模以上企业 101 家，各类经济实体 1000 余家，形成了再生不锈钢、再生铝、再生铜、再生镁及其他金属四大产业集群。园区紧紧抓住资源回收利用这个源头，完善废旧金属回收网络，做强产业集群，引导企业做优做强产业链，打造了一批以技术创新为引领、经济附加值高、带动作用强的高精尖企业，构建再生金属高值化利用产业园区。2022 年，园区实现主营业务收入 936.21 亿元。

二、主要做法

（一）健全回收网络

立足长葛市大周镇 40 多年废旧金属回收历史和 4 万多人从事回收业务的优势，抢抓资源回收利用源头，扩大回收规模，在全国 29 个省市建立了系统回收网络和 26 个回收基地，回收网点达到 8000 多个，构建形成了重点企业、经纪人及线上回收网络和再生资源交易市场的“三网一场”回收体系，年回收废旧金属 400 万吨。

（二）做强产业集群

坚持围绕本地产业现状，找准发展思路，推动废旧金属回收产业不断壮大。一是培育龙头企业。对重点企业制定“一事一议”优惠政策，优先保障项目用地，给予土地优惠价格、税收减免、财政奖补、融资、重点基础设施配套等方面支持政策；建立了联席会议制度，定期研究解决项目建设中的问题，支持鼓励企业做大规模、做强产品，形成了不锈钢领域金汇集团、再生铝领域金阳铝业、再生铜领域银辉电工、再生镁领域德威科技等一批龙头企业。二是构建协作体系。实行盟长制，推动龙头企业与中小企业合理分工、错位发展、整体提升。支持龙头企业剥离部分生产工艺，将中小企业纳入供应网络，带动了100多家企业兼并重组、优化工艺，培育了40余家节能型“单打冠军”、配套专家企业。

河南葛天金属材料交易中心

（三）完善产业链条

构建系统化再生金属收集、分拣、冶炼加工全产业链条，促进产品向建材制品、汽车零部件制品、航空航天高精密金属制品方向发展。一是延链增容。集聚热轧、冷轧、精密制板等22家企业链接进入不锈钢产业链，铝锭、铝板带、铝天花等14家企业链接进入铝产业链，铜米、铜棒、铜杆等10家铜铸件企业链接进入再生铜产业链，推动产业链逐步延伸到下游高附加值领域。二是补链提效。针对产业链中上游报废回收、不锈钢热轧等空白环节，引进自动化报废汽车拆解、不锈钢热轧板带、食品级铝制品等项目，贯通再生金属循环全产业链，分拣、加工、生产过程精细化水平不断提高。三是拓链成群。培育再生不锈钢、再生铝、再生铜、再生镁4个产业集群，吸引101家规模以上企业入驻，形成350万吨再生金属产能，成为全国最大的废旧金属集散地和再生资源交易市场、重要的再生金属精密制造产业基地。

（四）强化技术支撑

科学布局园区产学研协同创新平台，增强创新驱动发展动能。一是加大科技攻关力度。积极申请各类上级奖补资金，围绕再生产业节能降耗技术装备升级、固废治理技术研发和关键技术突破，加大研发和技改投入。2022年，园区企业研发经费达10亿元，覆盖所有重点企业。引进科技人才和团队，累计获得授权专利246件。二是搭建科研交流平台。建立中南再生资源研究院，与清华大学、中南大学、郑州大学等搭建产学研合作平台，设立国家博士后流动工作站1家、省级工程研究中心2家，园区80%以上的企业与科研院所建立了合作关系，不断增强创新驱动发展能力。三是引进国际先进技术。搭建常态化中德、中欧合作交流平台，定期开展交流合作活动，加快项目、资金、技术、人才引进，共签订中德、中日、中美等国际合作协议 12 个，累计完成投资 28 亿元。艾浦生新材料利用国外先进技术，打造再生铝行业废旧易拉罐再生生产线。德威科技引进德国生产技术和机器人智能自动化生产线，产品获北美、欧盟镁合金汽车轮毂产品准入资格。

（五）加强资金激励

设立工业企业绿色化改造基金，建立重点企业污染物排放与财政补贴政策挂钩机制。对获得国家级、省级绿色制造体系、绿色工厂、绿色园区、绿色设计产品、绿色供应链管理的企业按有关规定进行奖补，拨付专项资金，重点围绕“一园一策”“一企一策”实施绿色升级改造。对年销售收入在 500 万元以上的企业，按增值税地方收入的 80% 补助给企业用于环境保护、技术改造和扩大投资等，年落实各类财政奖补资金 4 亿多元。

三、经验启示

1. 构建废旧金属回收网络体系，是加强资源循环利用的关键。回收环节是限制再生资源规模化利用的瓶颈环节，构建回收网络体系有利于再生资源处理企业掌握货源渠道和定价权，推动行业健康发展。园区立足多年废旧金属回收优势，进一步在全国布局回收网络和回收基地，建立了“三网一场”的回收体系，为园区获得稳定废旧金属货源奠定了基础。

2. 延长产业链条，是提高产品附加值的重要途径。延长产业链可以有效推动再生金属产业上下游协同，提升产品深加工层次和产品附加值。园区围绕再生金属主导产业，不断延链补链强链，引导龙头企业和配套企业错位发展，构建了再生不锈钢、再生铝、再生铜、再生镁 4 个产业集群，形成了重要的再生金属精密制造产业基地。

3. 健全优惠政策，是支撑产业发展的重要保障。循环经济产业再上新台阶，再生金属企业需要在技术升级、科技投入方面加大投入。园区通过强化科技投入，制定土地、税收、融资、基础设施配套等优惠政策，加强资金支持，健全利益导向机制，鼓励废旧金属利用企业不断升级技术工艺，促进企业良性发展，推动再生金属产业高质量发展。

【思考题】

1.“双碳”目标下，循环经济产业园如何更好地实现节能降碳?

2.“十四五”时期，循环经济产业园的重点任务是什么?

二手商品交易平台打通绿色消费新链条

——推动全社会践行绿色发展理念

【引言】2022年10月16日，习近平总书记在党的二十大报告中指出，要加快发展方式绿色转型。倡导绿色消费，推动形成绿色低碳的生产方式和生活方式。

【摘要】绿色低碳生活是发展方式绿色转型的重要内容。长期以来，我国居民闲置物品处置方式单一，应用场景缺乏，数字时代为闲置资源优化利用开辟了新的途径。电子商务平台企业发挥数字技术和数据资源优势，积极打造网络二手商品交易平台，丰富和创新二手商品交易的形式和机制，鼓励社会公众积极参与，开展系列碳减排实践探索，极大促进了二手闲置资源流通，有效提升了资源利用率。

【关键词】二手商品　电子商务　绿色消费

一、背景情况

经历40余年改革开放，我国经济快速发展，物质产品极大丰富，闲置物品数量激增，推动闲置物品资源优化利用是我国减污降碳协同增效的重要手段。但长期以来，闲置资源处置主要通过线下场景开展，面临供需信息匹配不充分、可处置品类受限、处置效率不高、人群参与度低等因素制约。例如，我国二手手机回收率7%，远低于欧美46%—66%的比例；每年约2600万吨衣服被丢弃，再利用率1%。《“十四五”电子商务发展规划》和《促进绿色消费实施方案》明确提出，要大力发展和规范二手电子商务平台，促进资源循环利用，拓宽闲置资源共享利用和二手交易渠道。目前国内已有多家二手商品交易电子商务平台，探索出了二手商品资源优化利用的创新模式，结合系列碳减排实践探索，有效推动了闲置资源的优化利用，为我国循环经济发展提供了崭新思路和便捷的实现途径。

二、主要做法

（一）创新二手商品资源优化利用模式

电商平台企业通过探索交易新模式，建立健全数字化、标准化的履约服务体系，在回收、鉴定、处置、循环利用等重点环节打通上下游产业链。一是丰富交易模式和机制，提高交易效率。通过数据平台优势，建立个人与个人、平台帮忙卖、平台回收等闲置商品的交易、回收方式，丰富交易场景，贯通线上线下交易，为不同需求消费者提供多样的交易服务，优化用户体验。二是健全服务保障机制，推动信任创新。基于大数据模型、用户交易行为和口碑，创立平台个人交易信息评估体系；联合专业检验认证机构，建立平台验货担保机制，保障闲置商品品质；建立社会化仲裁共治机制，及时处理交易纠纷。例如，闲鱼平台上的“验货宝”可鉴定的闲置商品量超 1800 万件，商品 8 小时内即可完成仓内验货，为交易决策提供更明确的参考标准，保障交易体验。2022 年“双十一”期间，闲鱼平台有超过 1500 万人参与“让闲置流通、让惊喜发生”，超过 4000 万件二手商品参与流通。

（二）强化行业管理

发布《互联网旧货交易平台建设和管理规范》（SB/T 11229-2021）行业标准，明确平台设施设备、安全性、功能性等具体要求，强化平台管理，规定平台经营者要具备相应经营条件、建立相关管理制度、规范业务活动，进一步提升了互联网旧货交易平台标准化水平，促进二手电商行业规范有序发展。同时电商平台企业也在推动行业标准化发展，积极与相关行业协会合作，共同发布团体标准、行业标准，为二手闲置物品交易提供技术支撑。闲鱼平台与浙江中检、中国出入境检验检疫协会共同发布《名品箱包鉴定通用规范》，为名品箱包类二手商品交易行业标准化建设提供范本。各平台均提出了社区用户服务协议，规范用户行为。

（三）开展系列碳减排实践探索

电商平台企业开展系列碳减排实践探索，为二手商品网络交易平台用户建立碳减排标准、开发个人碳积分体系、激励个人可持续减碳，培养闲置资源循环利用文化，践行绿色低碳新生活方式。制定了《基于项目的温室气体减排量评估技术规范——二手交易平台》，为二手商品交易平台温室气体减排量提供了核算标准。已对电脑、家电、衣物等6个回收品类建立了碳减排测算模型，实现二手商品交易的减碳价值可量化、可感知、有价值。通过积分奖励、信用反馈等方式，激励更多消费者参与二手商品网络交易。

三、经验启示

1. 数字赋能，推动二手商品交易走上快车道。数字技术对于传统行业具有重要的价值流重塑作用，能够让闲置资源更便捷地流通，提高了资源利用效率。电子商务企业通过数字化便捷场景提供个人与个人交易渠道、平台帮卖渠道以及平台回收渠道，在原有传统业务基础上，创新了交易形式与交易场景，大幅提升了用户交易便利性，促进兴趣化交易，更好地促进闲置物品流通，降低全社会生产成本，促进绿色消费。

2. 平台驱动，推进二手闲置物品交易资源化整合。电子商务企业发挥平台媒介和信任中介作用，推动传统闲置物品线上资源整合，提供便捷、安全、可靠的闲置物品交易服务。创立平台内个人交易信用评估体系，基于大数据模型、用户交易行为和口碑，形成用户信用分数。探索开展社会化仲裁服务，并增加投票机制，不断修正以达成更客观的“判决标准”。

3. 创新机制，提升全民参与积极性。依托平台广大受众群体，建立有效激励机制，大幅提高用户参与度。电子商务平台以积分奖励、信用反馈等各种可量化的手段推动全民参与降碳，激发个人减碳积极性，吸引更多的用户参与二手商品网络交易。

【思考题】

1. 如何营造促进网络二手商品交易发展的有序环境?

2. 如何吸引更多用户参与电商平台二手商品交易?

巩固提升生态系统碳汇能力

探索推广"梨树模式" 促进农业减排固碳

——吉林梨树县黑土地保护工作典型案例

【引言】2020 年 7 月 22 日，习近平总书记在吉林考察时强调，要认真总结"梨树模式"向更大面积去推广，一定要采取有效措施，把黑土地这个"耕地中的大熊猫"保护好、利用好，使之永远造福人民。

【摘要】为提升黑土地肥力、厚度，减少土地面积流失，梨树县与科研教学单位合作，研发了适合我国国情的玉米秸秆覆盖免耕种植技术，通过改善土壤结构，有效增加了土壤有机碳的吸存，使农田碳汇作用得到充分发挥。同时，建立了推广工作组织保障机制，制定配套政策，实现了黑土地保护和农田碳汇的有效协同。现已建成梨树县全国百万亩绿色食品原料（玉米）标准化生产基地，规模全国领先，黑土地提质增肥效果明显、固碳能力不断加强。

【关键词】农田碳汇　黑土地保护　减排固碳

一、背景情况

国务院《2030年前碳达峰行动方案》提出，要推进农业农村减排固碳，开展耕地质量提升行动，实施国家黑土地保护工程，提升土壤有机碳储量。梨树县地处松辽平原腹地，面积3511平方公里，耕地面积393.8万亩，常年粮食产量稳定在40亿斤水平，人均占有粮食、人均贡献粮食、粮食单产和粮食商品率四项指标均在全国名列前茅。但随着粮食产量的逐年增长，土地垦殖率和土壤利用强度也不断增加，加之农药化肥的过量施用、保护措施滞后等因素，黑土地土壤面积减少、厚度降低、肥力流失等日益严重。为此，梨树县与中国农业大学、中国科学院等单位合作，研发了适合我国国情的玉米秸秆覆盖免耕种植技术，即“梨树模式”，可有效发挥黑土地减排固碳作用。2014年，梨树县组建黑土地保护与利用科技创新联盟，首创梨树黑土地论坛，推广“梨树模式”做法和经验。2020年习近平总书记视察梨树，高度评价“梨树模式”，并发表了重要讲话。

二、主要做法

（一）夯实技术支撑，研发耕作层土壤固碳新技术

梨树县与中国农业大学、中国科学院等单位合作，研发出了适合我国国情的玉米秸秆覆盖免耕种植技术，其核心是秸秆覆盖还田和免耕种植，可以减少农田温室气体排放，增加土壤有机碳吸存，发挥农田碳汇的作用。同时，积极推动农机具改进研发，成功研制出免耕播

“梨树模式”重要实践基地——梨树百万亩绿色食品玉米标准化基地核心区域

种机、多功能条旋播种一体机、整地深松一体机、多功能免耕一体机等，减少作业环节，减轻对土地的无序碾轧，有效解决了秸秆量过大影响播种的难题，提高了农业生产效率。

（二）深入研究总结，形成规模化运营新模式

梨树县与中国农业大学国家黑土地现代农业研究院合力攻关，推动以标准化、机制化、信息化、契约化为典型标志的“梨树模式”升级版——现代农业生产单元建设，坚持“规模连片、打破地界、规范行距、导航作业”，将农资采购、农机作业、人员配置和资金使用等作用发挥到最大化，在更大范围内推进黑土地保护利用、提升土壤有机储碳量。截至 2022 年底，梨树县黑土地保护性耕作面积较 2018 年增加了 9.2 万公顷，达到 19 万公顷。根据中国科学院东北地理与农业生态研究所研究数据，黑土地土壤有机碳储量增加了 32.4 万吨，单位面积有机碳储量增加了 1.41 吨 / 公顷。

（三）加强科技推广，统筹黑土地保护工作新机制

梨树县积极搭建政府部门、技术机构、第三方服务部门合作平台，为“梨树模式”的推广提供政策、技术、资金、市场等支持。成立以县委书记、县长为组长的“梨树模式”工作推进领导小组，建立了现代农业生产单元建设办公室，制定配套指导性、政策性文件，确保单元建设落地落实。制定相应的土地流转资金贷款贴息政策、配套农机具采购补贴政策，并对现代农业生产单元每公顷补贴1350元，激发广大新型农业经营主体的积极性。搭建“县—乡（镇）—村”多层次技术示范基地体系，成立“梨树模式”讲师团，开展科技大讲堂，创建农业科技小院，推动科技人员深入农业生产一线，解决了农业科技应用和政策指导“最后一公里”问题。建立了参与主体多元、服务网络立体、形式灵活多样、运行高效顺畅的推广应用机制，不断提升农业减排固碳能力。

三、经验启示

1. 重视践行习近平总书记重要讲话精神，是“梨树模式”的根本遵循。习近平总书记在2020年中央农村工作会议上强调，2030年前实现碳排放达峰、2060年前实现碳中和，农业农村减排固碳，既是重要举措，也是潜力所在。梨树县认真贯彻落实习近平总书记重要讲话精神，紧扣碳达峰碳中和目标，以农业农村绿色低碳发展为引领，以大力推广现代农业生产单元建设为抓手，有效解决了黑土地由于土壤侵蚀、高强度翻耕等导致的黑土变薄、变瘦、变硬等问题，在提升粮食产量、保障国家粮食安全的同时，有效发挥了农田的减排固碳作用。

2. 加速科技成果转化，是“梨树模式”的关键一招。梨树县在

研究总结出“梨树模式”后，进行了大力度的宣传推广，没有让技术“躺在试验田里”。梨树县搭建起“县—乡（镇）—村”多层次技术示范基地体系，组建专家技术服务团队，结合农业生产实际，制定现代农业生产单元的技术方案，对单元建设主体负责人进行技术培训。聘请专家学者对单元建设中涉及的政策、技术和经验等开展技术指导，培养造就了一批扎根基层的农技推广工作者。

3. 加快推进规模经营，是“梨树模式”的重要支撑。“梨树模式”推广应用，必须解决好家庭经营面积小而无法机械化作业的问题。梨树县以良好的技术应用效果，发动农民走合作化道路，支持土地租赁、土地托管和带地入社，扩大“梨树模式”的集中连片应用，推动了生产方式转变，培养了一大批重信用、懂技术、会经营、善管理的带头人。梨树县农民专业合作社和家庭农场发展到 3478 个、1221 个，规模经营达到耕地面积一半以上，综合机械化水平 94%。

【思考题】

1. 在“梨树模式”技术不断推广应用的背景下，如何进一步发展技术创新和应用，使“梨树模式”能够持续升级？

2. 为进一步扩大“梨树模式”的推广范围，可以考虑建立哪些新机制？

变绿水青山为金山银山　推动生态价值实现

——福建大力发展林业碳汇　丰富生态产品价值实现途径

【引言】2022年3月30日，习近平总书记在参加首都义务植树活动时强调，坚定不移走生态优先、绿色发展之路，统筹推进山水林田湖草沙一体化保护和系统治理，科学开展国土绿化，提升林草资源总量和质量，巩固和增强生态系统碳汇能力。

【摘要】促进林业高质量发展、巩固提升林业碳汇是助力实现碳中和的重要保障。近年来，福建省制定系列林业固碳政策，大力推进科学造林，巩固生态系统碳汇，建立林业碳汇计量监测体系；建立健全碳汇交易制度，在地方碳市场引入福建林业碳汇核证自愿减排产品，创新推广“林业碳汇＋绿色金融”“林业碳汇＋中和活动”“林业碳汇＋乡村振兴”等模式，不断拓展林业碳汇价值的实现途径，探索创新了林业碳汇发展的“福建经验”。

【关键词】林业碳汇　碳汇市场　碳汇金融

一、背景情况

碳汇能力巩固提升行动是“碳达峰十大行动”之一。当前，国际公认的碳汇形式主要包括森林、草原、湿地和耕地碳汇，其中森林是陆地生态系统最大的“碳库”。据联合国粮农组织评估，每年森林固定的碳约占整个陆地生态系统的2/3。森林固碳是目前最为经济、安全、有效的固碳方式之一。我国是全球森林资源增长最多的国家，全国森林覆盖率达24.02%，森林生态系统质量、稳定性和碳汇能力稳步提高。福建省山地资源和森林资源丰富，全省森林面积1.21亿亩，森林覆盖率65.12%，居全国首位；森林蓄积量8.07亿立方米，居全国第八位。福建省是全国首个国家生态文明试验区，依托森林资源优势，开展生态文明体制改革综合实验，在林业碳汇生成、流通、增值、应用等环节积极探索，林业碳汇成交量和成交额位居全国前列。

二、主要做法

（一）做大碳汇增量，摸清碳汇家底

大力推进科学造林，实施森林质量精准提升工程，采取自然生态空间保护、森林采伐管理、重点生态区位商品林赎买停伐、灾害防治等措施，“十三五”期间年均新增造林119万亩、森林抚育380万亩，全省年均增加森林植被碳汇5000万吨以上。结合森林资源连续清查，开展全省林业碳汇和“土地利用、土地利用变化与林业”专项调查，按照森林类型、起源和龄组选取430个模型建立森林样地，开展乔木层、灌木层、草本层、枯落物、枯死木生物量和土壤有

机碳调查，建立林业碳汇计量监测体系，全省森林植被碳储量超过16亿吨。

（二）构建市场体系，激发市场活力

出台《福建省碳排放权交易管理暂行办法》《福建省碳排放权抵消管理办法（试行）》等9份制度文件和配套实施细则，明确规定控排企业优先使用林业碳汇项目抵消碳排放额。积极开发碳汇项目方法学，推出福建林业碳汇（FFCER）项目，优化申报流程，放宽申报业主限制，由公司法人拓展至独立法人。FFCER已成为福建碳市场的主要交易产品之一，截至2023年10月，累计交易408万吨，交易金额达6348万元。成立福建林业碳汇计量监测中心，负责林业碳汇项目申报材料的初审和核查，进一步提升林业碳汇计量能力。

（三）创新碳汇金融，破解融资难题

积极搭建政银企保合作对接平台，推动金融工具创新开发，大力发展碳汇金融。探索以林业碳汇为质押物，将林业固碳的生态收益转化为经济收益，南平市顺昌县国有林场与兴业银行签订回购协议，获得项目贷款2000万元。探索林业碳汇保险创新，以林业项目固碳量损失为赔偿依据开发保险产品，运用市场机制防范化解碳汇损失风险，保障林业碳汇稳定发展。2021年林业碳汇指数保险在龙岩市新罗区签单落地，提供年度最高2000万元碳汇风险保障。丰富融资渠道，永安市成立“中国绿色碳汇基金会—永安碳汇专项基金”，累计募集资金1000万元，沙县区设立林业碳中和专项基金，获企业自愿捐助260万元，支持碳汇活动、捐资造林、展示企业社会责任、推广低碳生产生活方式等公益平台。

（四）拓展应用领域，挖掘实现潜力

推进“林业碳汇＋中和活动”。制定福建省大型活动和公务会议碳中和实施方案，建立完善以林业碳汇推动大型会议活动碳中和机制，全省30个单位34场会议活动已累计中和碳排放近600吨。推进“林业碳汇＋乡村振兴”。三明、南平等地积极探索开发林业碳票、“一元碳汇”等模式，如顺昌县将碳汇以每10千克1元的价格向社会公众销售，收益直接拨付林农或村集体，用于林业发展、乡村公益基础设施建设等，实现林农增收、森林增汇、社会增绿的多赢。

三、经验启示

1. 绿水青山，可以转化为金山银山。福建始终牢记习近平总书记“生态资源是福建最宝贵的资源，生态优势是福建最具竞争力的优势，生态文明建设应当是福建最花力气的建设”的重要嘱托，聚焦“生态产品价值实现的先行区”战略定位，将提升林业碳汇能力作为国家生态文明试验区和生态省建设的重要任务，在生态产品市场化改革、集体林权制度创新、林业产业发展等领域一体谋划、协同推进，有力促进“生态美、百姓富”有机统一，森林覆盖率连续40多年保持全国首位，2022年全省林业产业总产值达7400亿元，是2002年的11.6倍，重点林区的农户从林业发展中获得的收入占家庭收入的比例超过1/4。

2. 加强部门协同，是发展林业碳汇的基础。巩固提升林业碳汇能力涉及林业、发展改革、生态环境、金融监管和文旅等多部门，要坚持系统观念，加强统筹协作，建立长效机制。福建各部门通力协作，推动建立覆盖生成、流通、增值、应用等全流程、多环节的林业碳汇

开发交易长效机制，较好地处理了开发与交易、近期与远期、整体与局部、政府与市场的关系。

3. 调动经营主体积极性，是发展林业碳汇的核心。林农是发展林业碳汇的重要主体，要让林农充分共享林业碳汇发展成果。福建始终将林农受惠作为政策设计的重要目标之一，实施合作造林、合作经营等各类帮扶项目 2700 余项，投入资金 6.47 亿元，有效调动了林农科学经营和保护森林的积极性；分地区、分类型、分方向开展制度探索，创新方式流程和举措，丰富了林业碳汇应用场景，推动碳汇资源向生态资产转化，形成“社会得绿、林农得益”的双赢局面。

4. 合规发展是林业碳汇做大做强的根本。2024 年 2 月 4 日，《碳排放权交易管理暂行条例》公布。福建将根据《碳排放交易管理暂行条例》规定，进一步完善林业碳汇有关管理制度，做好工作衔接，促进生态优势不断转化为发展优势。

【思考题】

1. 针对当前林业碳汇市场需求不足、交易困难、价格低等问题，如何建立健全相关机制，稳步推进林业碳汇交易?

2. 如何推进山区、沿海间的区域林业碳汇协作?

贯彻新发展理念　大力推进国土绿化

——西藏实施拉萨南北山绿化工程　引领国家生态文明高地建设的生动实践

【引言】2020 年 8 月 28 日，习近平总书记在中央第七次西藏工作座谈会上强调，要牢固树立绿水青山就是金山银山的理念，坚持对历史负责、对人民负责、对世界负责的态度，把生态文明建设摆在更加突出的位置，守护好高原的生灵草木、万水千山，把青藏高原打造成为全国乃至国际生态文明高地。

【摘要】西藏自治区党委、政府站在创建国家生态文明高地的战略高度，作出实施拉萨南北山绿化工程的工作部署，建立工程组织保障机制，有力推动工程建设，通过建章立制强化工程管理；建立政府主导、企业和社会各界参与的多元融资模式，通过实施营造林、配套基础设施建设等工程，探索创新拉萨高原山地绿化模式，扩大城市绿色空间，构建生态经济产业格局。通过实施拉萨南北山绿化工程，筛选驯化出适宜拉萨南北山种植的树种 30 多种，带动了近 300 万人次参与，实现群众增收 9 亿元以上。

【关键词】国土绿化　生态工程　工程管理

一、背景情况

西藏是我国重要的生态安全屏障、重要的战略资源储备基地。保护好青藏高原生态事关中华民族生存和长远发展。新时代党的治藏方略要求必须坚持生态保护第一，必须牢固树立绿水青山就是金山银山、冰天雪地也是金山银山的理念，必须处理好保护与发展的关系，坚定不移走生态优先、绿色发展之路，努力建设人与自然和谐共生的美丽西藏。拉萨地处高原腹地，低压缺氧，气候恶劣，缺林少绿问题十分突出，与人民群众对美好生态环境的期盼相比，欠债突出。为贯彻落实习近平生态文明思想，改善生态环境，提高拉萨城市宜居性和群众生活质量，引领国家生态文明高地建设，西藏自治区党委、政府作出实施拉萨南北山绿化工程的工作部署，持续巩固生态系统碳汇能力。

二、主要做法

（一）有力推动工程建设，组织领导坚强有力

为持续推进、突出规划引领，加强组织管理，成立由自治区党委书记任总指挥，自治区党委副书记、主席任常务副总指挥的拉萨南北山绿化指挥部，坚持一套班子有力推进、一张蓝图绘到底。成立拉萨、山南两市指挥部和办公室，组建工程所在县（区）现场指挥部，落实行业部门承包责任制，推动形成上下联动、协同高效的工作格局。

拉萨南北山绿化工程北山拉鲁湿地生态修复片区成效

（二）强化工程管理，做好政策宣讲

拉萨南北山绿化工程是西藏首个河谷地区规模化生态建设和修复的代表性工程，是西藏有史以来最大的营造林建设工程，规划时间长、建设范围广、造林任务重。为强化工程管理，指挥部办公室制定规章制度 10 余项，为工程建设提供强有力的制度保障。组织“我在西藏有棵树”公益活动，组织召开政策宣讲 10 余次，参训人数达 1000 余人次。鼓励和支持企业、社会团体、个人积极参与拉萨南北山绿化，取得了良好的宣传效应和社会效应。

（三）创新融资模式，破解资金投入难题

建立政府投资主导、企业和社会各界参与的多元融资模式，政府资金主要用于项目论证、水电路配套工程基础设施建设及造林补助等，实施承包造林和营造林先造后补模式。制定《关于鼓励和支持参与拉

萨南北山绿化的政策措施》，吸引社会资金投入生态建设，允许承包造林单位开发利用25%以内的面积作为经营性土地，用于森林旅游、森林康养、体育、经果林、林下经济、经营服务设施等项目建设。综合利用线上线下多种融资渠道，丰富南北山绿化专项资金筹措方式，共筹集公益资金5100余万元。

（四）扩大城市绿化空间，构建生态经济产业格局

指挥部办公室着力破解土壤整地与改良、抗旱保湿、造林灌溉等技术难题，科学开展植树造林，扩大城市绿化空间，提升城市生态服务功能和宜居性。拉萨南北山绿化工程实施以来，鼓励农牧民参与南北山造林绿化，带动近300万人次参与工程建设，带动群众增收9亿元以上。同时，鼓励承包造林企业优先购买农牧民个体苗圃等的苗木，发展保障性苗木建设，推行“造林企业+苗圃基地+农牧民合作组织”订单模式，大力发展本地苗木产业，切实让广大群众吃上生态饭、走上致富路。

三、经验启示

1.强化组织保障。拉萨南北山绿化工程成立自治区指挥部，拉萨市、山南市分别成立了市县级指挥部，同时实行行业承包责任制度，形成上下联动、协同高效、齐抓共管的工作格局，切实推动各项工作落地见效，确保栽一片、活一片、成一片。

2.科学开展绿化。针对高原地区高寒缺氧、部分土地沙化严重、植被覆盖率低、太阳辐射强等问题，按照宜林则林、宜灌则灌、宜草则草的原则，综合不同海拔、土壤等因素，研究提出了适合拉萨南北

山造林绿化的主要树种以及苗龄和规格，筛选驯化出适宜拉萨南北山种植的树种30多种。注重造林经验和科研成果的归纳和固化，编制《拉萨市南北山造林绿化技术指南（暂行）》，为高原地区生态工程建设提供了宝贵的实践经验。

3. 加强宣传引导。采取形式多样的宣传方式，营造浓厚氛围，重点宣传拉萨南北山绿化的重大意义和已经取得的成效，让社会各界理解和支持拉萨南北山绿化工作，形成人人出力、人人作为的全民绿化大格局，让“爱绿、植绿、护绿”成为广大群众的自觉行动。

【思考题】

1. 全球绿色低碳发展大背景下，面对高寒缺氧缺水恶劣条件，如何贯彻落实新时代党的治藏方略，加强地球“第三极”生态保护修复?

2. 在“双碳”政策背景下，贯彻落实新时代党的治藏方略过程中，如何将青藏高原绿水青山、冰天雪地的颜值转化为金山银山的价值?

建立林草碳汇计量标准体系
厘清林草碳汇生态账本

——宁夏林草碳汇计量监测体系建设经验

【引言】2022年3月30日，习近平总书记在参加首都义务植树活动时指出，森林是水库、钱库、粮库，现在应该再加上一个“碳库”。

【摘要】建立科学准确的碳汇计量体系，是做好生态系统碳汇工作的重要基础。宁夏立足自身生态系统实际，初步建立了符合宁夏实际的森林、草原、湿地、荒漠生态系统碳汇分类、计量方法与参数标准体系，为自治区、市、县三级碳汇量统计核算奠定了坚实基础。研发建设了“宁夏林草碳汇感知平台”，把生态系统碳汇项目计量、监测、核算与评估标准化系统工具与信息化管理手段有机融合，科学指导开展国土绿化行动，提升宁夏林草碳汇管理能力。

【关键词】林草　碳汇计量　信息化管理

一、背景情况

巩固提升生态系统碳汇能力是实现碳中和的重要举措，而科学准确的碳汇计量是做好生态系统碳汇的关键基石。2021 年 10 月，国务院印发《2030 年前碳达峰行动方案》，部署要求加强生态系统碳汇基础支撑，建立生态系统碳汇监测核算体系，开展森林、草原、湿地等碳汇本底调查、碳储量评估、潜力分析，实施生态保护修复碳汇成效监测评估。为此，宁夏联合国内专业机构启动宁夏林草碳汇计量与碳中和战略研究，构建了自治区林草碳计量模型体系，摸清了全区林草碳储量和碳汇潜力，对于建立健全生态产品价值实现机制、巩固提升生态碳汇能力、实现“双碳”目标具有重要意义。2022 年完成营造林 150 万亩，草原生态修复 22.8 万亩，湿地保护修复 22.7 万亩，治理荒漠化土地 90 万亩，森林覆盖率、草原综合植被盖度、湿地保护率从 2020 年 15.8%、56.5%、55.0% 提升到 18.0%、56.7%、56.0%。

二、主要做法

（一）建立林草碳计量体系，提高碳计量能力

宁夏发挥山水林田湖草沙生态系统俱全的特点，在“精准”计量上做文章。2021 年，启动实施“宁夏碳汇计量模型建设和碳中和战略研究”项目，分两期三个年度对宁夏 20 种常见乔木树种、5 种经济树种、10 种灌木种、5 种草原类型、5 种湿地类型共设置 1195 个样地（样本组），获取包括湿地甲烷等温室气体在内的野外调查数据 13 万组，按照国际通用方法学，构建符合宁夏生态系统特征的碳计量模型 1043

套，统一地方核算标准，为自治区、市、县三级林草碳计量与效益评估奠定了坚实的数据支撑。

（二）强化生态系统碳汇统计核算能力建设

开发搭建桌面端“宁夏林草碳汇资源感知平台”和手机端“林草碳汇资源展示”App，引入信息网络技术手段，整合卫星遥感、国土“三调”、林草综合监测、林草碳汇计量评估成果数据，在同一平台实现碳汇数据更新、碳汇资源展示，形成宁夏林草碳汇“一张图”；嵌入1043套宁夏林草碳汇计量模型的感知平台，实现多部门、多级别用户查询、计量、汇总、分析、效益核算等管理功能，形成林草碳汇活动水平数据“一套数”、排放因子“一个库”、林草碳源/汇“一张表”，实现林草碳计量监测常态化、可视化、网络化，提升温室气体清单编制、碳汇效益核算、生态产品价值实现的支撑能力。

（三）开展方法学应用创新，明确林草碳汇能力提升路径

立足宁夏实际条件，基于量水定植原则，探索“一带三区”增汇固碳林草生态系统配植技术，编制《宁夏碳汇（再）造林技术指南（试行标准）》《宁夏森林经营碳汇技术指南（试行标准）》。建立宁夏林草碳计量模型体系，以宁夏范围内具备在我国碳排放权市场上市交易的碳汇（再）造林项目为目标，制定森林经营碳汇项目的作业设计、地块选择、施工流程、计量监测流程等方面的标准规范。与智库团队密切合作，从生态系统固碳、增汇途径到减排机制，多个维度分析预测2025年、2030年、2035年、2060年林草湿荒生态系统碳汇潜力，并从科学开展国土绿化、森林质量提升、草原管护、湿地保护修复等方面提出切实可行的管控举措，指导开展大规模国土绿化行动。

宁夏沙湖湿地

三、经验启示

1. 夯实基础，重视基础计量工作。原有碳汇计量模式中部分关键因子的值以缺省值或常数表示，导致缺省值与实际值之间存在较大差异。宁夏主动作为，通过组织专业团队，明确了黄土高原、干旱和半干旱区生态系统碳汇计量参数的本地化，为精准测度区域生态系统碳汇情况提供了重要参考。

2. 立足自身，开展应用创新。不拘泥于既有的碳汇造林方法学，而是基于自身实际条件，基于量水定植原则，探索“一带三区”增汇固碳林草生态系统配植技术，制定地方碳汇造林技术标准，建立计量模型体系，制定森林经营碳汇项目操作规范。

3. 数字赋能驱动，提升信息化管理水平。数据获得及时性、准确性、可靠性是制约管理决策效率与科学性的重要因素。遵循数据“一数一源、一源多用、多源一用”原则，通过开发信息平台和手机端应用，将宁夏林草碳计量模型及人工采集、业务产生、数据交换、互联网数据采集、外部购买、文献数据采集等汇集到统一平台上，并与遥感测量、大数据、云计算等技术应用相结合，大幅提高了碳汇计量统计核算水平与效率。

【思考题】

1. 如何将林草碳汇计量监测数据体系与碳排放统计数据核算体系有机衔接?

2. 如何将林草碳汇计量监测数据及时高效地用于温室气体清单编制?

加快绿色低碳科技创新

打造建制化科技攻关新范式
为科技助力“双碳”战略提供新思路

——中国科学院天津工业生物技术研究所体制机制创新经验

【引言】2021 年 5 月 28 日，习近平总书记在两院院士大会上指出，国家科研机构要以国家战略需求为导向，着力解决影响制约国家发展全局和长远利益的重大科技问题，加快建设原始创新策源地，加快突破关键核心技术。

【摘要】中国科学院天津工业生物技术研究所（以下简称“研究所”）按照“顶层设计、学术自由”的原则，建立了“任务—学科—平台”三维科研管理机制，总体研究部负责总体协调和重大任务的组织实施，特色学科组开展重大任务攻关，平台实验室负责为科技创新提供装备技术支撑；强化“项目制”集智攻关优势，鼓励研发团队在基础关键领域深耕细作，加强科研经费保障与管理。这种“目标导向、问题导向”的攻关模式，显著提升了科技创新的整体效能，推动了重大成果产出，为科研组织模式创新，加快绿色低碳科技创新，建立建制化研发新范式形成了重要示范。2021年，研究所在国际上首次实现了二氧化碳到淀粉的从头合成，相关研究成果发表于国际学术期刊《科学》上。该成果被国内外专家认为是典型的0到1的原创性突破，使淀粉生产的传统农业模式向工业车间制造模式转变成为可能，也为推动生物制造产业变革、助力“双碳”目标实现提供了新思路。

【关键词】三维管理　集智攻关　人工淀粉

一、背景情况

实现“双碳”目标，要依靠科技创新。科技部、国家发展改革委等九部门联合印发了《科技支撑碳达峰碳中和实施方案（2022—2030年）》，统筹提出支撑实现碳达峰目标的科技创新行动和保障举措。天津市印发了《天津市碳达峰实施方案》，提出要落实“绿色低碳科技创新行动”部署，强化创新能力，推动绿色低碳科技革命。通过植物的光合作用固定二氧化碳并生产淀粉、糖类，是二氧化碳转化利用的重要途径和支持“双碳”战略实施的重大前沿颠覆性技术，但这一过程能效低、周期长、步骤多，且需消耗大量土地、淡水等资源，难以达到工业应用水平。研究所经过6年科技攻关，设计创制了二氧化碳人工生物合成淀粉新途径，在国际上首次实现了不依赖于植物光合作用的淀粉人工合成，且合成速率是玉米淀粉合成速率的8.5倍，为以二氧化碳为原料进行工业生物制造提供了新思路，开启并引领了二氧化碳合成人工碳水新领域。

二、主要做法

（一）建立三维科研管理模式

作为工业生物领域“国家队”“国家人”，研究所在中国科学院和天津市的支持下，积极牵头组建科技创新平台，围绕绿色低碳组织建制化攻关。研究所打破原有以传统课题组为研发单元的科研组织模式，创新构建了“任务—学科—平台”三维科研管理模式。研究所成立总体研究部，面向重大科技前沿、重大需求凝练和重大科技攻关任务，负责项目的总体设计、任务分解和系统集成；特色学科组重点发展工程生物学学科体系，承担攻关任务，开展关键技术创新；平台实验室围绕合成生物技术支撑技术体系构建，开发新技术、新方法和新装备，为科技攻关形成装备、技术支撑。研究所制定了《总体研究部管理办法》《总体研究部项目管理办法》等制度，对总体研究部实行“全预算制”管理，切实保障科研人员潜心研究，把主要精力聚焦到科研任务上。

（二）通过“项目制”形式集智攻关

建立项目制组织体系，制定项目经理管理制度。在“人工合成淀粉与二氧化碳生物转化利用”项目中，首席科学家负责统筹规划和指导，项目经理梳理重大科学问题、分解攻关任务，并根据任务需求组建了一支由10余个优势研究单元近20名优秀科研人员组成的精锐团队集智攻关。研究所根据项目需求在经费保障等方面予以支持。项目经理按照目标节点，对项目进行监督管理，并根据进展情况进行动态调整，以技术合作、技术交流等多种形式，引入和联合中国科学院大连化学物理研究所、中国科学院上海高等研究院、天津大学等优势团队参与二氧化碳电/氢还原方面研究。

（三）敢为人先深耕关键领域取得突破

面对没有案例可参考的现实，团队发扬甘坐冷板凳的精神，心无旁骛潜心攻关，创造性地提出耦合生物催化与化学催化重构复杂光合固碳与淀粉合成的总体思路。6年间，团队反复实验、艰苦探索，成功构建了只有11步反应的人工淀粉合成途径，在国际上首次实现不依赖植物的二氧化碳到淀粉的人工全合成。该途径能效与速率突破了自然光合作用的极限，是玉米淀粉合成速率的8.5倍，理论上1立方米大小的生物反应器年产淀粉量相当于5亩土地玉米种植的淀粉年平均产量。相关研究成果发表于国际学术期刊《科学》上，得到国内外专家的高度评价，认为该研究是“典型的0到1的原创性突破”，“将在下一代生物制造和农业生产中带来变革性影响”，为以温室气体为原料制造粮

人工淀粉研发团队

食、材料和能源等提供了蓝图，为推动形成可持续的生物基社会提供了新思路。

（四）落实好资金和组织保障

天津市启动实施“合成生物技术创新能力提升行动”专项，出台财政科研项目资金管理办法，五年安排10亿元专项资金支持关键核心技术攻关、科研平台建设、创新创业人才建设等，赋予研究所在任务安排、经费使用上的绝对自主权，自行安排攻关任务和科研经费。研究所赋予科研团队更大的技术路线决策权、人财物自主调配和使用权、科技成果所有权或长期使用权，积极构建以信任为前提的科研经费管理机制，为重大科技攻关提供了稳定的经费支持和组织保障。

三、经验启示

1. 科技创新平台为成果产出提供了基础保障。研究所全面加强创新能力建设，建设了低碳合成工程生物学重点实验室、国家合成生物技术创新中心、工业酶国家工程研究中心、中国合成生物产业知识产权运营中心等创新平台，实现了贯通基础研究、技术创新、产业培育的全链条创新体系，聚集了一批多学科交叉的创新人才，为成果的产出提供了强有力的平台保障和人才资源。

2. 三维科研管理模式极大地提升了创新效能。总体研究部、学科组、平台实验室定位清晰，分工明确，以重大任务为牵引，实现研发团队的有效协同和协作。项目经理全权负责攻关方案制定、任务分解、技术路线调整、人员团队组织、绩效考评等，调动科研团队积极性和创造性。与以课题组为核心的研发模式相比，三维科研管理模式更有利于统筹创新资源，协调科技力量，开展建制化研发，调动创新积极性，提升研发效率，促进重大成果产出。

3. 成果导向的考核与评价机制为创新提供了动力源泉。研究所建立了以原创价值、实际贡献、科技成果产出为导向的评估机制，弱化经费、论文数量和影响因子、专利数量等因素，按照是否对国家、地方、中国科学院科技发展作出贡献，是否在科学界和产业界形成影响，对成果进行分级评价。制定《研究所科研绩效考核管理办法》，引导资源要素向重大成果产出流动、聚集。创新成果收益分配机制，将成果转化收入 70% 以上奖励给成果完成者，激发了科研积极性和创造性。在攻关过程中，一批优秀青年科技人才得到成长和晋升。

【思考题】

1. 在科技支撑农业工业化、工业绿色化的同时，我国应从哪些方面着力构建完整的应对气候变化的法规、标准、政策和制度?

2. 如何加强战略统筹，践行新型举国体制，构建和完善生物制造科技创新体系，提升创新效能，服务国家战略实施?

吃“碳”吐“油” CCUS技术助力国家“双碳”目标实现

——中国石化百万吨级CCUS示范工程建设实践

【引言】2021年10月21日，习近平总书记在山东东营市视察胜利油田时强调，要集中资源攻克关键核心技术，加快清洁高效开发利用，提升能源供给质量、利用效率和减碳水平。

【摘要】中国石化胜利油田、东营市油地双方统筹能源安全保障和绿色低碳发展，发挥资源、技术和上下游一体化优势，编制东营市碳捕集利用与封存（CCUS）产业发展规划，建立油地联席会议机制，搭建高端研发平台，攻关形成碳捕集、管道输送、驱油利用、安全封存全产业链核心技术与关键装备，构建配套产业、金融、科技支撑政策体系，打造了CCUS产业链示范基地。2022年8月，齐鲁石化—胜利油田CCUS项目全面建成投产，捕集齐鲁石化煤制氢工业尾气中的二氧化碳，液化输送至胜利油田驱油与封存，建成年封存二氧化碳100万吨、增油达到20万吨以上规模，走出了一条降碳与碳利用并重的能源企业高质量发展道路。

【关键词】碳捕集利用与封存　源汇匹配　产业链示范基地

一、背景情况

CCUS是指把生产过程中排放的二氧化碳进行捕集提纯，继而投入新的生产过程进行再利用和封存，可以实现二氧化碳深度减排和资源化利用，是实现碳中和目标的重要技术之一。《中共中央　国务院关于完整准确全面贯彻新发展理念做好碳达峰碳中和工作的意见》明确提出，要推进规模化碳捕集利用与封存技术研发、示范和产业化应用。中国石化胜利油田驱油封存潜力巨大，适宜二氧化碳驱油的地质储量达15亿吨，能够封存二氧化碳20亿吨以上；周边东营市炼化企业年副产高浓度二氧化碳约1100万吨，尾气中二氧化碳浓度高，可以较低成本规模化捕集，具备大规模捕集利用与封存的工程能力，油地二氧化碳源汇匹配优势明显。中国石化胜利油田开展国内首个百万吨级CCUS项目建设，形成低成本、低能耗、安全可靠的CCUS技术体系和产业集群，为我国大规模实施CCUS项目提供了丰富的工程实践经验和技术储备，对于减少碳排放、促进油田增产、保障能源安全，具有重要示范意义。

二、主要做法

（一）构建CCUS发展平台

一是建立协调推进机制。中国石化胜利油田、东营市油地双方统筹保障能源安全和绿色低碳发展，深化合作，共谋共建，加快建设CCUS产业示范基地。定期召开油地联席会议，研究制定了《关于推进

胜利油田 CCUS 项目现场

油地深度融合发展的意见》，围绕落实“双碳”目标六大领域重点任务持续深化合作。建立“油地各 1 名领导班子成员 +1 个专班 +5 个推进组”工作架构，联合推进项目用地审批、手续办理、协调服务等事项，保障 CCUS 项目高效建设。

二是完善产业发展规划。将油田开发、驱油增产用地纳入全市国土空间总体规划，为 CCUS 产业合理布局预留空间保障。坚持增油减碳提效、匹配碳源碳汇、科学高效引领等原则标准，编制了地方 CCUS 产业发展规划，引导产业有序发展。

三是搭建产业发展平台。开展碳源和碳汇“双向需求”调研，形成完备的 CCUS 源汇匹配数据库，科学匹配碳排放和碳消纳企业，推动区域炼化企业、化工园区联动开展碳捕集。建立由中国石化胜利油田和东营市 17 家重点炼化企业为主体的 CCUS 产业发展联盟，统筹 CCUS 重点项目，布局二氧化碳输送及注入管道，打造设计、建设、运营管理一体化开放的“源汇匹配”CCUS 产业发展平台。

（二）开展 CCUS 试点示范

一是突破核心技术。充分发挥政产学研四方力量，开展 CCUS“技术开发—工程示范—规模应用”全链条技术攻关，聚焦碳捕集封存过程中能耗高、效率低等“卡脖子”难题，面向全国“揭榜挂帅”，与中国工程院、清华大学、浙江大学等高校院所和院士专家联合攻关，低浓度二氧化碳气源捕集、低渗油藏高效开发与碳封存等关键核心技术实现“从 0 到 1”的突破，研发了具有自主知识产权的 CO_2 低温高效密闭液相注入装备、CO_2 管道输送泵和 CO_2 密相注入泵，授权发明专利 28 项。主持编制《烟气二氧化碳捕集纯化工程设计标准》《二氧化碳输送管道工程设计标准》《砂岩油田二氧化碳驱油藏工程方案编制技术规范》等国家标准和行业标准，推动 CCUS 产业全链条标准提升。

二是实施试点示范。开展先导试验项目，投产注气井 6 口，累注二氧化碳 2.46 万吨；建成国内首个百万吨级 CCUS 项目，利用齐鲁石化排放的二氧化碳进行驱油，年均增产石油超过 20 万吨、减碳固碳 100 万吨；建成投运国内首条百公里、百万吨级二氧化碳长输管道，填补我国二氧化碳大排量、长距离管道输送的空白。

三是加快产业应用。基于油藏开发和企业减碳需求，持续加大驱油增产、油藏碳汇力度，创新 CCUS 项目标准化设计、工厂化预制、模块化施工、机械化作业、信息化管理“五化”建设模式，加速推进 CCUS 产业发展。

（三）加强 CCUS 发展保障

一是强化配套产业支撑。推动产业链、供应链深度融合，通过技术合作、成果转化等合作模式，依托胜机石油装备、博山泵业等行业头部企业，研发高端注入装备、二氧化碳驱井筒工艺及集油处理等装备，打造CCUS全产业链装备制造基地。依托“碳源汇”平台，与神驰化工、海科瑞林等炼化企业合作，日均获得二氧化碳500吨以上的稳定原料供给。

二是强化绿色金融支撑。开展“绿色金融创新提升年”活动，引导各类银行机构创新服务模式和金融产品，支持“碳捕手”企业成长。2022年9月，建设银行为CCUS项目提供年利率2%的“绿色信贷”7.4亿元，工商银行为百公里级长输管道项目提供年利率1.95%的低息贷款5亿元。创新“地方政府+特大型央企+胜利油田”投资模式，引进中石化碳产业科技股份有限公司，与胜利油田筹备成立合资公司，选取驱油区块进行合作开发。

三是强化科研平台支撑。支持中国石化CCUS重点实验室、山东省CCUS重点实验室建设，实现CCUS科研项目从研发设计到中试生产“一站式”就地转化。创新人才共享共用模式，与中国石油大学（北京）共建重质油国家重点实验室碳中和联合研究院，打造“双碳”领域高端人才聚集地，为CCUS产业发展提供强大智力支持。

三、经验启示

1. 推动降碳增油协同发展。坚持用新发展理念引领油田高质量发展，主动迎接产业变革、绿色转型大考。把CCUS产业作为油田未来发展的重要产业，依托油气产业培育壮大绿色低碳的CCUS产业，再通过绿色低碳的CCUS产业回馈油气主业，降碳的同时实现增油，回答好“既要绿色发展又要能源安全”的时代考题，走出了一条降碳与碳利用并重的能源企业高质量发展道路。

2. 强化绿色科技创新。立足国家所需、产业所趋、产业链供应链所困，把科技创新摆在“头号工程”的重要位置，突出企业创新主体地位，锻造国家战略科技力量。中国石化胜利油田与东营市政府共建山东省 CCUS 重点实验室，联合攻关引领行业发展的原创性、前沿性技术，研发具有自主知识产权的核心装备，全力突破关键核心技术“卡脖子”问题，大幅降低了捕集、输送、利用与封存各个环节的运营成本。

3. 深化油地合作发展。CCUS 示范项目跨行业、跨地区，产业链长、运行周期长，需要油田和地方间多部门协同合作。中国石化胜利油田与东营市政府建立联席会议机制，将推动引导 CCUS 全产业链规范有序发展纳入重要议程，编制地方 CCUS 产业发展规划，政府和油田分别安排人员领衔推进。政府、油田、高校院所和地炼企业多方联合成立 CCUS 全产业链发展联盟，多措并举做好源汇匹配，为打造百万吨级 CCUS 全产业链示范基地奠定了坚实基础。

【思考题】

1.CCUS 项目如何取得国家核证自愿减排量认证，参与全国碳排放权交易市场?

2.CCUS 项目参与碳排放权交易市场收益，“碳源”“碳汇”两端企业应如何分成?

抓碳埋海　扮绿大湾区

——南海东部打造我国首个海上百万吨级 CCS 示范工程

【引言】2021 年 4 月 30 日，习近平总书记在主持十九届中央政治局第二十九次集体学习时指出，要解决好推进绿色低碳发展的科技支撑不足问题，加强碳捕集利用和封存技术、零碳工业流程再造技术等科技攻关，支持绿色低碳技术创新成果转化。

【摘要】碳捕集封存（CCS）是促进碳减排的重要技术措施。中海石油（中国）有限公司深圳分公司〔以下简称“中国海油（深圳）”〕就如何处置高二氧化碳含量油田开采过程中逃逸的二氧化碳，深入开展调研，研究确定二氧化碳海上就近封存技术路线，制定实施方案，集中研究骨干和专家团队开展关键技术攻关和自主设备研发，强化工程管理，将原油开采过程中逃逸的二氧化碳就近海上埋存，打造了我国首个海上 CCS 示范工程。该项目高峰年可封存二氧化碳近 30 万吨、总封存量超 150 万吨，填补了我国海上二氧化碳封存技术的空白。

【关键词】海上 CCS　能源安全　工程示范

一、背景情况

《广东省碳达峰实施方案》明确提出，要大力发展绿色低碳产业，发挥技术研发和产业示范先发优势，加快二氧化碳捕集利用与封存（CCUS）全产业链布局。南海东部油田是我国第七大油田，也是海上第二大油田。近三年，南海东部油田原油增产总量约占同期全国原油增量的 1/3，是名副其实的能源生产大户。广东恩平油田群是南海东部油田的主力军，其中恩平 15–1 油田是我国南海东部首个高含二氧化碳气顶油田，伴生气中二氧化碳含量高达 95%。若按常规模式开发，随原油产出排放的二氧化碳排放累计将超 150 万吨，高峰年排放近 30 万吨；如果不开采含二氧化碳油藏，油田产量将减少近 1/2，经济性大幅下降。为了将油气增储上产与碳达峰碳中和目标有机结合，南海东部油田开辟出了一条独具特色的能源低碳绿色转型之路——海上二氧化碳地质封存。

二、主要做法

（一）科学确定技术路线

为绿色开发油藏，解决油藏二氧化碳“注哪里”“能否注”“怎么注”等关键问题，中国海油（深圳）科研人员围绕油气藏开发先例、海上平台二氧化碳处理技术、海上二氧化碳回收利用等方面有关案例进行了充分的国内外调研，结合油田的地质油藏特征，充分论证驱油利用开发不可行的情况下，最终确定开展海上二氧化碳咸水层封存。将油田开发伴生的二氧化碳封存在 800 多米深的咸水层中，该咸水层具有穹顶式结构，并覆盖有厚厚的泥质保护层，注入的二氧化碳被封存在穹顶之下，大大降低了二氧化碳注入后逃逸的风险。

（二）多方论证实施方案

海上 CCS 在全球案例屈指可数，面临海相沉积环境下咸水层优选评价经验少、浅层大位移回注井建井难度高、海上平台空间受限、安装要求高，以及超临界二氧化碳条件下防腐难、运行环境恶劣、运输成本高等诸多挑战。中国海油（深圳）组织专家展开广泛讨论，确定了项目整体实施策略，搭建了恩平 15–1 油田 CCS 示范工程管理组织架构，编制了项目运行职责及规定，制作了技术攻坚路线图、工程实施执行表等，完成了海上二氧化碳回注封存地质油藏、钻完井和工程一体化 CCS 实施方案编制。

（三）深入开展技术攻关

中国海油（深圳）集中数百科研骨干技术力量和专家团队，开展《恩平油田 CO_2 捕集和封存技术研究与示范应用》《CO_2 气顶油藏开发长效固井水泥浆体系研究》等研究课题，通过系统性的技术攻关和工程示范，摸索建立海上 CCS 项目相关标准、技术规范和管理体系。当前已在海相沉积环境咸水层优选及评价、长期封存安全稳定性评价、浅层大位移回注封存建井、海上二氧化碳回注装备设计及布置等研究中攻克了一批封存地质体评价与表征技术、浅层大位移回注封存建井技术、模块化超临界二氧化碳脱水增压回注技术及二氧化碳封存监测技术等关键技术。

（四）坚持自主装备研发

中国海油联合国内厂家开展海上CCS自主装备研发。综合高碳井气液分离、二氧化碳捕集脱水增压各系统，研制适用于海洋环境的首套超临界大分子压缩机和首套复合材料二氧化碳分子筛脱水橇，成功实现了海上二氧化碳封存整体成撬设备的国产化突破。为了保证“一井到位”，中国海油（深圳）集合数家企业开展抗二氧化碳腐蚀水泥浆体系、光纤监测装置等试验模拟研究，攻克了低温泥饼预冲洗、长水平段尾管回接等多项技术，同时为注气管柱加装了光纤监测装置，将地下回注井“看”得清清楚楚。2023年3月19日，恩平15-1平台正式开启二氧化碳回注井钻井作业，5月12日成功完钻。

（五）全面严抓工程管理

首次涉足海上碳封存，能否按时顺利实施意义重大，安全防范更是重中之重。工程建设期间，中国海油（深圳）创新制定“安全隐患六分析”管理工具，对重点领域、关键环节进行延伸管理，先后梳理出44项风险较高的作业，实行专人领办督办。联合调试期间，项目团队严密制定调试方案，合理安排调试计划，作业区生产人员轮班值守现场，高强度作战，用时7天完成了6个大系统28个单机系统设备的调试工作。2023年5月4日提前完成进气带载联合调试工作；6月1日，正式投注，截至7月31日，已封存2万吨二氧化碳，标志着项目取得圆满成功。

恩平油田海上二氧化碳回注与封存系统

三、经验启示

1. 统筹兼顾绿色降碳与能源安全。能源是经济社会发展的物质基础，推进碳达峰碳中和要处理好发展与减排的关系，坚持统筹谋划，在降碳的同时要确保能源安全。中国海油（深圳）把维护国家能源安全大局摆在首位，保持推进“双碳”工作战略定力，在恩平 15-1 油田开采过程中实施碳封存示范工程，既实现了油气增储上产保障经济发展，又减少了温室气体排放。

2. 实施“双碳”示范工程要敢为人先。新技术工业化示范工程缺少可以参考借鉴的前人经验，必须坚定敢闯敢试、敢为人先的信念，勇闯“无人区”“深水区”，开辟绿色低碳转型的“要塞区”。恩平 15-1 碳封存示范工程作为国内首个海上 CCS 示范项目，是在全球可参考案例屈指可数的情况下进行的，从气体分离到封存，从地质油藏、设备组装到钻完井等几乎每一步都充满挑战。正是凭借着敢为人先的“闯”的精神，取得了示范工程的成功，为我国大规模开展 CCS/CCUS 项目建设提供了宝贵的工程经验和技术数据。

3. 高度重视技术创新的基础性作用。在推动能源清洁低碳转型过程中，要高度重视创新，不断开发低碳零碳负碳先进技术。恩平 15–1 碳封存示范工程组织专业力量攻关创新，实现了自主设计我国海上二氧化碳回注井、自主研发首套海上二氧化碳封存装置，同时创新应用 7 项国内首创技术顺利完钻并回注，建立了海上油气田的二氧化碳捕集、处理、注入、封存和监测的全套技术和装备体系。

【思考题】

1. 海上二氧化碳地质封存要注意哪些适用性、安全性、经济性的评价原则及标准?

2. 海上二氧化碳地质封存的工程实施难点有哪些?

3. 海上二氧化碳地质封存过程中的风险防范措施有哪些?

碳达峰碳中和科技创新与人才培养“双轮驱动”建设模式

——西北大学服务“双碳”战略的实践与探索

【引言】2022年1月24日，习近平总书记在主持十九届中央政治局第三十六次集体学习时强调，要狠抓绿色低碳技术攻关，创新人才培养模式，鼓励高等学校加快相关学科建设。

【摘要】西北大学聚焦“双碳”战略，发挥大学在CCUS等领域的研究优势和陕西产业基础优势，持续推动“双碳”领域重大科研攻关，搭建“一站式”解决CCUS重大科学工程技术和商业模式问题的自主创新平台，探索科技创新与人才培养“双轮驱动”的建设模式。一方面，以科教融合、产教融合为切入点，创新人才培养模式；另一方面，成立碳中和学院，针对CCUS等碳中和重点技术领域特点，构建学科交叉融合的特色化人才培养方案和课程，培养高层次人才，形成了具有西北大学特色的定制化“双碳”人才培养体系。

【关键词】科技创新　人才培养　CCUS

一、背景情况

教育部发布的《加强碳达峰碳中和高等教育人才培养体系建设工作方案》明确指出，面向碳达峰碳中和目标，把习近平生态文明思想贯穿于高等教育人才培养体系全过程和各方面，加强绿色低碳教育，推动专业转型升级，加快急需紧缺人才培养，深化产教融合协同育人，提升人才培养和科技攻关能力，为实现碳达峰碳中和目标提供坚强的人才保障和智力支持。西北大学是我国“双一流”建设高校、国家“211 工程”建设院校，产生了一批高水平学术成果，被誉为“中华石油英才之母”“经济学家的摇篮”“作家摇篮”。西北大学发挥学科与人才积淀深厚优势，以筹建 CCUS 大科学装置建设为引领，探索出了一条科教融合“双轮驱动”服务“双碳”战略的路径。

二、主要做法

（一）引领 CCUS 重大科技创新

西北大学是国内最早开展 CCUS 技术研发的单位之一，具有系统的学科支撑与深厚的研究基础。立足陕西是煤炭生产和消费大省，利用地质封存潜力巨大、相关产业链完备的优势，在榆林建设鄂尔多斯盆地 CCUS 重大科技基础设施，努力建设国际领先、“一站式”解决 CCUS 重大科学和工程技术及商业模式问题的自主创新平台，助力榆林能源产业实现绿色低碳转型升级。

针对二氧化碳捕集与运输成本高、驱油效果不稳定、封存地点不明确、减排量难以核算等 CCUS 技术实施堵点与难点，研发团队以技术入股方式，与榆林民营资本联合组建公司，投资约 1.3 亿元建设二氧化碳咸水层地质封存科学试验场及开展大规模地质封存选址。通过理论研究、实验模拟，形成榆林市地下咸水层二氧化碳咸封存选址、封存能力、评价标准一系列技术成果，推动建立全流程、系统化、可复制、可推广的 CCUS 商业模式。西北大学与长庆油田、国能集团锦界电厂合作推动大规模 CCUS 示范。相继获批“陕西省碳中和技术重点实验室”等四个省级科研平台，入选秦创原总窗口首批校地合作协同创新基地。与加拿大多伦多大学士嘉堡校区“气候变化实验室”成立了“中加应对气候变化与碳封存中心”。

（二）培养“双碳”领域急需高层次人才

联合榆林市政府成立西北大学榆林碳中和学院，邀请十余名两院院士和知名学者担任领衔专家，整合来自地质学系、化工学院、城市与环境学院、经济管理学院等 11 个院系的教师组成了跨学科研究团队，聚焦 CCUS、化石能源高效清洁利用、生态碳汇、矿山生态修复、大宗固废综合利用、碳经济与碳管理等方向，组建“碳储科学与工程”“绿色低碳发展与治理”两个交叉学科，编制个性化、特色化的人才培养方案与课程，为碳中和未来技术攻坚和产业提质扩能储备人才力量。2022 年碳中和学院首批招收研究生（硕士、博士）53 人，2023 年招收研究生（硕士、博士）57 人。

（三）探索产教融合定制化人才培养模式

牵头组建全国高校碳中和人才培养联盟、陕西省碳达峰碳中和标准化技术委员会以及陕西省高等教育学会“双碳”专业委员会，在人才培养、标准制定、协同创新等方面，引领构建碳中和领域科教融合、产教融合、协同育人生态圈。与全球最大光伏企业隆基绿能合作，聚焦隆基产业发展需求，双方采用联合编制培养方案、共同开发课程、共建实习实训基地、聘用企业导师、共建光伏学科专业等方式，联合创设“西北大学隆基班”，研究生（硕士）一年级在西北大学完成专业课程，二、三年级进入隆基中央研究院开展实习实训，毕业后可直接进入隆基工作，降低了企业人力成本，携手将人才培养推到创新第一线。

三、经验启示

1. 紧盯国家战略为国育才。西北大学牢记习近平总书记的殷切期望，深刻领会习近平生态文明思想，完整、准确、全面贯彻新发展理念，按照国家、陕西碳达峰碳中和“1+N”政策体系的要求，心系“两个大局”、胸怀“国之大者”，在践行服务“双碳”战略目标的使命担当中，抢抓机遇、找准定位、实现自我、体现价值。

2. 坚持自身特色错位发展。西北大学结合自身特色与实际，找准定位、突出优势、立足长远、聚焦重点，寻找错位发展的赛道，推动学科交叉融合，汇聚建设合力，以高等教育高质量发展服务国家碳达峰碳中和专业人才培养需求。

3. 坚持教育、科技、人才统筹部署。西北大学一方面加快绿色低碳技术的研发攻关，坚持在“双碳”科技创新实践中发现人才、培育人才、凝聚人才；另一方面围绕“双碳”急需领域，创新人才培养模式，构建人才培养、学科发展和科学研究于一体的创新模式，形成了科教融合服务“双碳”战略的良好局面。

【思考题】

1. 如何发挥高校服务“双碳”战略的作用?

2. 如何构建“双碳”科技创新体系和人才培养体系?

深化科教融汇　助力“双碳”目标

——武威职业学院与中国科学院上海应用物理研究所合作办学培养“双碳”人才的创新与实践

【引言】2022年10月16日，习近平总书记在党的二十大报告中强调，要统筹职业教育、高等教育、继续教育协同创新，推进职普融通、产教融合、科教融汇，优化职业教育类型定位。

【摘要】“双碳”目标催生专业人才需求。我国复合型交叉创新的“双碳”专业人才缺乏，培养“双碳”人才是教育系统落实立德树人根本任务的内在要求。武威职业学院在中国科学院上海应用物理研究所（以下简称“上海应物所”）实施的大科学装置项目中，与上海应物所联合办学，对接国家重大战略，通过汇聚优质教育资源，提升教学水平；瞄准岗位需求，改革教学模式；创新开设高职专业，优化专业设置；实施“导师制”，培养新能源领域技术技能人才，充分彰显了职业教育在实现“双碳”目标中的重要支撑作用。

【关键词】“双碳”人才　职业教育　联合办学

一、背景情况

实现碳达峰碳中和，是一场广泛而深刻的经济社会系统性变革。其中，人才培养是核心内容和关键所在。教育部印发的《绿色低碳发展国民教育体系建设实施方案》明确提出要把绿色低碳发展纳入国民教育体系。这为职业教育指明了新方向、提出了新要求、赋予了新使命。武威职业学院是经教育部备案、甘肃省人民政府批准的全日制公办普通高等职业院校。2018 年 2 月，甘肃省教育厅、武威市人民政府和上海应物所签订联合办学协议，在武威职业学院合作举办中科低碳新能源技术学院，通过强化与科研机构的合作，推动科技研发与教育教学有机融合，为实现“双碳”目标贡献职教力量。现已合作建成甘肃省教师教学创新团队 1 个、甘肃省职业教育名师工作室 2 个、甘肃省职业教育名班主任工作室 1 个。合作开展科研项目 10 余项。近三年中科低碳新能源技术学院教师在甘肃省教师教学能力比赛中获一等奖 2 项、二等奖 8 项、三等奖 12 项。

二、主要做法

（一）汇聚优质教育资源，多措并举培养“双碳”人才

一是促进“东西联动”，集聚东部优质资源在学院开办“绿洲讲坛”，邀请国内知名教育专家、时代楷模、大国工匠等开展专题讲座，让高职学生既能感受科研院所和高校的文化熏陶，也能有机会与“科技专家”“大国工匠”面对面，聆听教诲，受到鼓舞。二是倡导“开放课堂”，挖掘本地优势思政资源，创新“思政 + 育人”模式，建成

独具地方特色的育人基地。在校办光伏电厂建成“碳达峰碳中和绿色实践基地”等。三是多措并举，打造结构化高水平师资队伍。由上海应物所高级教育顾问担任院长组成5人管理团队，武威职业学院以柔性引进方式聘任上海应物所17名高层次人才为特聘教授，在院内选拔36名骨干教师，共同组建专业教学团队，发挥科研人才优势，采取分工协作、模块化教学，合作开展科研项目，打造结构化高水平师资队伍。

（二）聚焦岗位需求，根据人才类型改革教学模式

在实习生培养阶段采用“产业导师”培养模式，每3—5名学生配备1位导师，给学生讲授理论知识，示范基本操作，并启发式布置任务，在共同推进工程建设中促进高职学生成长成才。打破“高大上”的科研院所对人才学历的高门槛，经过联合培养，针对性打造“双碳”技术型和技能型两类高职学生发展方向，前者主要培养高职学生长时间连续开展实验数据采集、监控能力；后者主要培养装置安装与调试、中控操作、运行与维护等专业技能，通过课程实训、顶岗学习等让学生参与到项目的安装与调试中来，锻炼学生的操作能力。实践表明，高职学生能全程参与并胜任项目的安装与调试工作，在大科学装置项目中起到科研助理的作用。

（三）对接专业发展，优化专业设置强化专业建设

对接区域新能源产业发展，学院新增开设氢能技术应用、应用化工技术、核与辐射检测防护技术等3个专业，其中，成功创建的氢能技术应用专业填补了国内高职专业目录空白。学院光伏工程技术专业获评国家级骨干专业及省级优质特色专业、创新创业教育试点改革专

武威职业学院学生在上海应物所实习

业、课程思政示范专业。牵头完成国家核与辐射检测防护技术、氢能技术应用、光伏工程技术与应用3个专业的教学标准。

五年来，学院累计培养“下得去、留得住、用得好、干得优”的高素质技术技能型人才7500多名，其中先后有100多名学生在上海应物所实习，40多名毕业生在上海应物所上海园区和武威园区就业。

三、经验启示

1. 聚焦培养“双碳”技能型人才。武威职业学院以科教融汇为新方向，以深化产教融合为重点，打造集“产、教、学、研、用、就、创”于一体的高水平产教融合创新平台和技术技能人才培养高地，将学生引入面向“双碳”发展科研项目一线，将行业最先进的实验设备和技术融入实验教学，开发项目式、案例式等新型教学方式，实现教学、科研、企业需求与“双碳”人才培养的动态融合。

2. 加强教研融合的绿色低碳专业师资队伍建设。合作办学中引入高层次人才和选取院内骨干并重，共同组建教学团队和项目团队，促进专业教师和科研人才之间的合作交流，改善学院教师队伍的学历结构和职称结构，通过教学能力比赛检验和提升教师教学能力，提高教师队伍的教学水平和科研能力。

3. 探索育训结合的技术型科研助手培育新模式。大科学装置项目实施具有一定的技术门槛，同时有耗时较长的工程任务，科研人员需投入大量的精力和体力。高职学生进入上海应物所进行生产实践培养，经过理论知识、工艺流程、安全规范、运行操作等系列培训后成为操作层次的复合型人才，在分工协作中优势互补，可以很好地参与原料制备、装置调试及运行等工程任务。

【思考题】

1. 如何进一步加强高校与行业企业良性互动，把“双碳”最新进展、成果、需求和实践融入人才培养环节，增强行业企业对“双碳”人才培养参与度?

2. 如何以“双碳”人才需求为牵引，系统推进学科专业布局，强化学科专业布局与“双碳”目标的衔接?

完善绿色低碳政策机制

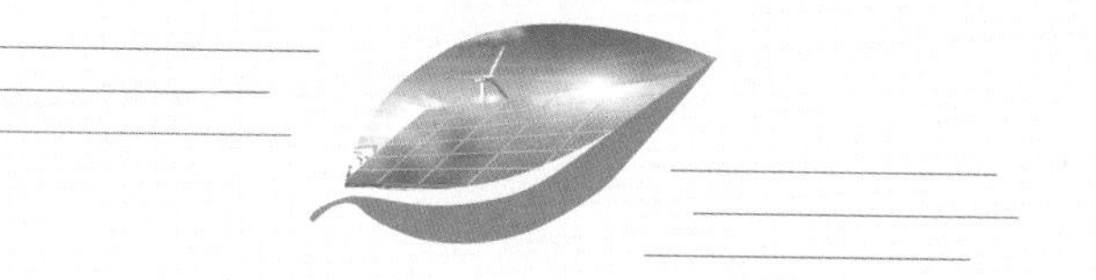

加强全产业链碳排放数据核算 助推汽车产业绿色低碳转型

——中国汽车技术研究中心有限公司数字赋能汽车产业落实“双碳”目标任务

【引言】2022年12月15日，习近平总书记在中央经济工作会议上指出，传统制造业是现代化产业体系的基底，要加快数字化转型，推广先进适用技术，着力提升高端化、智能化、绿色化水平。

【摘要】我国汽车产业链覆盖主体多，碳管理水平总体上较为薄弱。为推动汽车产业绿色转型，提升我国汽车产品出口竞争力，中国汽车技术研究中心有限公司（以下简称“中汽中心”）联合行业企业，建立了中国汽车全生命周期数据库及评价模型，构建了汽车产业数字化碳管理平台和信息公示平台，加强汽车产业链中小企业碳管理人才培养，实现了全产业链碳排放数据的信息共享和自动核算，有助于供应链企业提升碳排放管理能力，引导消费者绿色低碳消费。相关成果推动了行业企业的绿色低碳转型，为增强产品出口竞争力提供了技术保障。

【关键词】汽车碳足迹　评价模型　核算

一、背景情况

随着欧盟碳边境调节机制、电池法案等实施，欧盟等发达经济体的绿色贸易壁垒体系逐步完善，对我国出口行业造成较大影响。我国汽车行业碳排放核算体系不完善，数据基础薄弱，使用国际通用的缺省排放因子，将造成我国汽车产品碳足迹偏高，在一定程度上降低国际竞争力。作为世界汽车第一出口大国，我国汽车产业正迎来发展的重要战略窗口期，开展数字化碳管理建设工作，构建符合国情实际的供应链碳排放因子数据库，提升全行业碳管理水平，对实现我国汽车制造业绿色低碳高质量发展，做强做大民族品牌具有重要意义。中汽中心依托汽车产品数据体系，建立起包含数十个标准化数据库的产品数据矩阵，以汽车大数据为基础、汽车领域模型算法为支柱，深入开展汽车行业碳排放数据体系研究工作，形成了集“数据收集—数据整理—核算分析—数据公示—产品标签”于一体的汽车行业数字化碳管理体系，相关研究成果获得中国循环经济协会科技进步一等奖、天津市科技进步三等奖等荣誉。

二、主要做法

（一）建立健全碳管理数据与模型

中汽中心以“零件—生产—消费—回收”的产品全生命周期流程为主线，建成了涵盖能源、资源、环境数据的中国汽车全生命周期碳排放数据库，目前已覆盖百余家主机厂、近千个主要零部件、上万款车型，实现了中国汽车行业本土碳排放数据从无到有的突破。梳理国际通行的碳足迹、碳排放要求，构建中国汽车全生命周期碳排放评价模型和评价软件，将汽车产品碳足迹核算过程标准化、流程化。配套开发产品碳足迹标准管理工具，协助企业对产品数据进行规范整理和碳核算，支撑企业提高碳管理能力，助力汽车行业绿色低碳发展。

（二）开发数字化碳管理工具

开发集能源管理、碳管理、“双碳”智库于一体的企业“双碳”数字化管理工具，实现企业级、工厂级、产品级碳排放数据数字化管理。开发低碳技术库及碳减排决策支持工具，为企业提供在线低碳技术咨询，搭建减排项目库，协助企业选择最优碳减排方案。开发中国工业碳排放信息系统，支持整车企业采集、核算、管理中上游供应商碳排放数据，目前该系统接入了1300余家供应商、超5000款产品，有效支撑了整车企业提高碳管理能力，有助于发挥“链主”引领作用，带动供应链企业节能降碳，促进产业绿色转型提质增效。

（三）实施碳管理援助计划

推动构建低碳供应商管理体系，联合高校、公益基金和行业协会等单位，通过理论知识普及、数字工具培训等手段，实施中小企业碳排放管理援助计划。创新建立了含教学、实操、答疑等多环节的首个汽车行业碳管理人才培养机制，为汽车行业绿色低碳转型和新能源汽车可持续发展培养了大批专业人才。截至2023年10月底，面向汽车整车与供应链企业已累计开展11次公开培训、30余次专场培训、50

余次实操演练、2000 余次沟通交互，累计培训 2200 余家企业、7000 余人次。

（四）建设汽车产业链碳信息公示平台

2023 年，中汽中心正式对外发布了中国汽车产业链碳公示平台，覆盖国内所有在售乘用车及其零部件、车用材料三类产品碳排放数据，包含碳足迹、碳减排量、碳标签等 10 多项信息，支持碳足迹信息检索、下载、统计分析、减排历史信息获取等，广泛传播汽车行业低碳发展相关信息，提高社会公众对于低碳产品的认知。

三、经验启示

1. 统一规范的碳排放统计核算是做好“双碳”工作的重要基础。汽车行业碳排放管理复杂程度高，碳排放统计核算的理论方法、范围边界、数据来源均存在差异。中汽中心以碳数据收集与公示平台为依托，联合产业链各类企业共同发起了“汽车产业链碳排放数据体系共建倡议”，通过联合上下游企业扩大影响，逐步形成了统一的核算报送规范，并实现了碳排放数据与信息的流通交互，为汽车行业碳排放核算及减碳路径研究奠定了基础。

2. 数字化技术是行业碳管理的重要抓手。随着工业化和信息化的深入融合，数字化技术已经成为企业管理变革的强大加速器。通过构建完善的汽车行业碳排放数据体系，利用数字化技术追踪准确、实时的碳排放信息，提升相关数据的透明度和追溯性，企业能够更精准有效地进行碳排放管理。

3. 碳管理人才是推动行业工作开展的有力保障。目前汽车产业尚未被纳入低碳管理的强制范畴，国内汽车企业碳排放核算工作还未全面开展，自主品牌车企较国际头部企业仍有差距，行业人员对碳排放管理工作认识不深。开展大规模专业培训，提升碳管理专业技能，培养碳管理人才，是提升行业低碳能力的重要先决条件。

【思考题】

1. 如何使用数字化技术等工具来解决在其他行业或领域复杂的碳排放管理问题?

2. 数字化技术还可以应用在汽车行业哪些场景? 解决哪些问题?

3. 上下游协同工作对碳排放管理发挥着重要作用，如何有效地组织和推进跨行业的分工协同?

探索绿色低碳发展的“衢州路径”

——浙江衢州市基于碳账户体系改革的实践案例

【引言】2022年4月19日，习近平总书记主持召开中央全面深化改革委员会第二十五次会议时强调，要全面贯彻网络强国战略，把数字技术广泛应用于政府管理服务，推动政府数字化、智能化运行，为推进国家治理体系和治理能力现代化提供有力支撑。

【摘要】为摸清各类主体碳排放底数、精准评价碳排放水平、形成有效碳减排激励措施，衢州市通过能源数据系统、银行和市政等结算系统及经济数据统计系统，归集各类主体的能源、经济、行为数据，建立覆盖工业、农业、能源、建筑、交通、居民生活和林业碳汇七大领域碳账户核算评价标准，开发数字化应用场景，将碳账户大数据应用于政府部门用能预算管理、金融系统开发碳金融产品、企业推动节能降碳改造、个人碳积分转换等领域。持续强化数字赋能、优化项目管理、简化碳汇项目开发流程，切实推动政府提升管理效能，助力企业和群众获得低碳发展红利，形成了较为完善的政府治碳、企业减碳、个人低碳的数据应用体系。

【关键词】数字化　碳账户　碳普惠

一、背景情况

衢州市位于浙江省西部、钱塘江源头，是森林覆盖率 70% 以上的生态优良区，也是重化工业产值占比 70% 以上的高碳产业区。在“双碳”工作实践中，衢州遇到了三个具有一定普遍性、关键性的问题。一是“碳家底”不清。碳排放数据主要来源于温室气体清单报告，数据滞后一年以上，且仅覆盖能耗 5000 吨标煤以上的企业，难以满足工作需求。二是“碳画像”不准。不区分产业类别，仅以单位工业增加值碳排放强度衡量企业碳排放水平的传统评价方式，无法体现企业在同行业中的技术先进性。三是“碳激励”不够。由于碳排放尚未形成强制约束，多数企业自觉减碳的积极性不强、主动性不高。针对以上问题，衢州市从浙江省数字化改革中得到启发，紧密对接省“双碳”智慧治理平台建设思路，谋划实施了碳账户体系建设，以数字化推进低碳化。

二、主要做法

（一）建设碳账户，摸清“碳家底”

一是建立数据归集机制。依托浙江省能源大数据系统，实现每日采集企业用电、天然气、蒸汽等主要用能数据。依托银行支付结算系统、公交系统、市政系统等平台，每月获取居民绿色支付、绿色出行、绿色生活等减碳数据。构建政府部门既有数据归集网络，统一归集分散于各系统的产品产量、增加值及税收等基础数据。二是建立核算评价标准。在系统集成国内外碳核算方法学基础上，制定发布工业、能源、建筑、交通运输、农业、居民生活6个领域碳账户核算评价地方标准，以及银行个人碳账户团体标准，构建相关方法学体系。探索建立差异化碳评价方法，以单位产品产量碳排放强度反映行业先进性，以单位工业增加值（税收）碳排放强度反映区域贡献度，以企业减碳量（碳强度降低率）反映主体努力程度。三是开发数字化应用场景。对照国家“碳达峰十大行动”，开发上线碳账户金融、用能预算管理、工业品碳足迹核算、“零废生活”等20多个数字化应用场景。

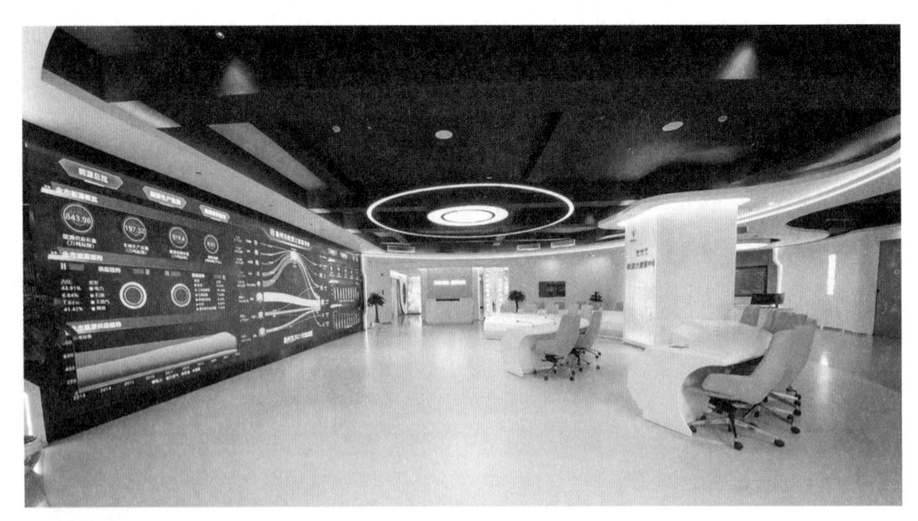

衢州碳账户平台终端

（二）应用碳账户，推进“碳智治”

一是政府治碳应用。“碳达峰十大行动”牵头部门均上线了碳账户应用核心业务。例如，发展改革部门依托碳账户系统开展用能预算管理，实现企业用能执行情况在线监测、超限自动预警、用能余量交易等功能，依据企业碳画像优化能源资源配置。2023年，47家低碳高效企业增加用能预算209.26万吨标煤。二是银行贷款应用。中国人民银行衢州市分行将碳账户评价结果转化为企业碳征信报告与金融机构共享，引导金融机构对碳征信较好的低碳企业和减碳项目在贷款额度、利率等方面给予支持，全市33家金融机构上架47款碳金融产品，碳账户金融贷款余额641.27亿元，贷款平均利率低于全部企业贷款利率32个基点（BP）。三是企业减碳应用。企业可根据碳账户的电、气、热、煤等全品类能源实时监测数据，精准开展节能降碳诊断，并应用碳账户提供的“节能帮”“绿能帮”“储能帮”和“双碳”科技等在线工具，实施节能降碳改造。部分企业在尝到碳账户“甜头”后，自主将碳监测延伸到产线级、设备级，进一步推动节能降碳精细化管理。如华友衢州园区，2022年单位产品碳排放强度下降超20%。四是个人低碳应用。个人碳账户的碳积分可用于申请利率优惠贷款、费率优惠保险、一分钱乘公交、公共停车场停车、共富商城兑换土特产、商超消费满减活动抵扣、绿色邮政折扣快递费等。其中，个人碳账户利率优惠贷款已发放144.65亿元、余额92.28亿元。

（三）加强碳赋能，实现“碳普惠”

一是扩大区域绿色低碳投资。衢州市应用碳账户，每年滚动谋划实施一批低碳产业、节能减碳、绿能降碳、减污降碳、绿色建筑、绿色交通、生态固碳等重大项目。二是助力企业减碳降本增效。衢州市成立“双碳”公司，为企业提供“节能绿能储能”整体解决方案，2023

年组织100家企业参加减碳降本增效示范工程。三是助力群众享红利得实惠。依托碳账户简化林业碳汇项目开发流程，开发周期从12个月缩减到3个月，开发成本降低60%。江山市为173家规模以上养殖场建立碳账户并出台配套政策，养殖综合成本降低11%以上，养殖户综合收益率提高约10%。

三、经验启示

1.“理念正确”是做好“双碳”工作的前提。衢州市贯彻落实党中央、国务院关于碳达峰碳中和重大战略决策，坚持以“双碳”工作为引领，聚焦发展与减排的双向协同，优先做好各方普遍受益的事，取得了“政府找到路径、企业尝到甜头、群众得到实惠”的效果。衢州市在“双碳”变局中寻找“育先机、开新局”的机遇，抢占产业新赛道，把握投资新风口，打造营商新环境，近两年来的能耗强度累计下降和主要经济指标增速位居全省前列。

2.“数据准确”是做好“双碳”工作的基础。碳排放数据的时效性差和颗粒度粗，是当前“双碳”工作最大的痛点。衢州市在加快构建碳排放统计核算体系的同时，依托碳账户建设涉碳数据归集网络，形成了各类社会主体碳行为智能监测和动态核算体系，重点领域实现了碳排放每月核算评价，为“双碳”的治理有力、金融有为、市场有效提供了数据支撑。

3.“政府有为”是做好“双碳”工作的核心。衢州市按照“线上抓应用，线下抓改革”的工作思路，坚持一手搭建“双碳”数字化基础设施，一手构建绿色低碳发展政策体系，梳理形成了各部门应用碳账户的核心业务，推动各部门在管理服务制度和扶持激励政策中增加

“碳维度”，得到了企业的认可与欢迎，企业减碳意识进一步提升。

4.“市场有效”是做好“双碳”工作的关键。衢州市按照“政府搭台、企业唱戏”的思路，探索形成了企业广泛参与的市场化推进机制和商业模式。2022年衢州市“双碳”国资公司挂牌运营以来，以市场化方式将碳数据转化为碳资产，走出了一条政府主导、社会各界参与、市场化运作的“双碳”实现路径。

【思考题】

1. 如何推动碳监测机制纳入碳排放统计核算体系，进一步破解涉碳数据采集归集中面临的数据壁垒和技术难题，在低成本前提下将碳监测延伸到产线级、设备级，构建形成产品碳足迹数据库?

2. 如何深化探索“双碳”市场化推进和商业运营模式，扩大碳账户在“扩大绿色投资、促进绿色消费、服务绿色出口、发展绿色产业”中的作用?

“碳账户＋碳信用＋碳融资”三碳联动有力支撑产业绿色低碳转型

——广东碳金融政策创新经验

【引言】2021年4月30日，习近平总书记在主持十九届中央政治局第二十九次集体学习时指出，要发展绿色金融，支持绿色技术创新。

【摘要】以企业碳排放强度为核心的碳信用信息是实施差异化绿色金融政策的先决条件。建立记载企业碳信用信息的碳账户可以有效破解银企之间信息不对称问题，有利于精准发挥绿色金融的支撑作用。中国人民银行广东省分行与南方电网广州供电局合作，依托“穗碳计算器”小程序，建立企业碳账户；联合行业主管部门，推动“穗碳计算器”与涵盖政府政务数据的“粤信融”平台联通，构建企业完整碳信用报告；依据碳信用报告，实施差异化贷款利率授信，建立了以碳账户为基础、以碳信用为纽带、以碳融资为目标的碳金融体系，着力打造具有广东地域特色的碳金融生态圈。

【关键词】碳账户　碳信用　绿色金融

一、背景情况

绿色金融是指为支持环境改善、应对气候变化和资源节约高效利用的经济活动，即对环保、节能、清洁能源、绿色交通、绿色建筑等领域的项目投融资、项目运营、风险管理等所提供的金融服务。大力发展绿色金融是金融系统落实国家"双碳"战略的具体举措。长期以来，缺乏科学权威、具有公信力的企业碳信用信息，制约了金融机构推出与碳排放强度挂钩的金融产品或信贷模式，亟须加快建立企业碳账户信息平台，为实施差异化信贷支持政策提供信息支撑。中国人民银行广东省分行联合相关部门，聚焦发展绿色金融的难点和堵点，积极支持广州绿色金融改革创新试验区建设，成功探索出了"碳账户 + 碳信用 + 碳融资"三碳联动支撑产业绿色低碳转型的路径和模式。

二、主要做法

（一）多方联动，协同推进企业碳账户建设

碳账户作为记录企业碳排放信息的载体，是碳信用体系建设的数据基础。中国人民银行广东省分行与南方电网广州供电局合作，依托"穗碳计算器"小程序，组织工业企业自行注册碳账户，填报电力、煤炭、油品、天然气、热力等能源消耗数据，并由计算器自动计算出企业碳排放总量和碳排放强度，在此基础上，与企业所属行业的碳排放强度平均水平对比，将企业碳排放强度划分为深绿、浅绿、黄色、橙色、红色五个等级。截至 2022 年末，广州市共有 801 家工业企业开立了企业碳账户，占全市规模以上工业企业的 12.7%。

（二）科技赋能，加载生成企业碳信用报告

碳账户信息仅记载碳排放维度的信息，不足以对企业全面画像，其单独使用对缓解银企信息不对称的作用相对有限。中国人民银行广东省分行联合发改、工信、商务、市场监管以及政务数据管理等相关部门共同建设广东省中小微企业信用信息和融资对接平台（以下简称"'粤信融'平台"），通过共享政府政务数据，快速准确地形成精准的小微企业画像；推动"穗碳计算器"与"粤信融"平台联通，实现企业碳排放信息与经营、信用等信息的有机融合，生成完整的碳信用报告。金融机构通过"粤信融"平台，经企业授权即可查询到企业碳信用报告。

广东企业碳信用报告暨银企贷款签约仪式

（三）激发创新，实施差异化绿色金融政策

中国人民银行广东省分行充分发挥平台的融资对接优势，引导金融

机构将企业碳排放情况纳入授信审批管理流程，推出贷款利率与碳排放强度挂钩的贷款政策，并依据企业碳信用报告实施差异化贷款利率授信支持，帮助企业盘活碳资产、用好碳信用、促进碳融资，推动企业绿色低碳发展。中国建设银行花都分行已为 6 家碳信用较好的企业发放利率 3.25% 的优惠贷款，低于同期贷款市场报价利率 30—40 个基点。截至 2022 年末，肇庆 11 家试点银行已为 83 家企业授信“云碳贷”20.4 亿元，企业最低可享受 3.6% 的低利率优惠，平均每家企业优惠 56 个基点，为企业节省利息 2044 万元。部分政策性融资机构还创新推出与碳账户评级相挂钩的融资担保政策，对碳账户评级属于“深绿”“浅绿”级别的企业提供担保费率综合优惠、延长担保期限、提高担保额度等。

三、经验启示

1. 注重发挥部门合力。碳信用体系建设是一项系统性工程，最大障碍在于碳账户体系建设滞后，涉碳数据统计不健全或分散在多个不同部门，数据归集、统计核算、信用评级以及结果运用等多个环节，需要得到发改、工信、生态、统计、财政、金融以及电网等众多部门的支持。广州明确碳账户建设责任主体及归口管理部门，建立部门分工和协作机制，推动能耗等涉碳数据资源跨部门、跨行政层级共享和应用，并按照统一、规范的格式要求推送至金融信用信息数据平台，为后续碳信用体系建设提供了数据支撑。

2. 先易后难逐步推进。考虑到碳账户建设的复杂性，从数据基础较为扎实的行业或企业入手，按照“抓大放小、先易后难”的原则，优先将纳入全国或广东碳市场、能源消耗在 5000 吨标煤以上的重点用能单位、规模以上企业作为碳信用体系试点企业。以工业园区、产业链条、特定行业、省属企业、参与意愿较为积极的地市为切入点，率先开展碳信用体系建设，进而带动其他行业、其他地区陆续加入到碳信用体系建设中来。

3. 注重科技赋能。碳信用体系建设必须有大数据平台作为支撑。广州依托成熟的征信平台“粤信融”建设碳信用大数据平台，由碳数据主管部门搭建碳账户数字化平台，负责集中、审核、管理相关企业涉碳数据，并将碳账户数据上传“粤信融”平台，经企业授权后，引入第三方核查机构、评级公司，生成统一、规范的碳信用报告，供有融资需求的企业授权金融机构查询、应用，进而实现了银企碳信用融资对接。

【思考题】

1. 在推进企业碳账户建立过程中，需要收集企业的煤、油、气、电、热等能耗数据。如何建立一种低成本的数据收集模式，同时保证企业提供的能耗数据准确有效?

2. 金融机构在使用企业碳账户时，最大的顾虑是碳账户信息的权威性、科学性、准确性。企业碳账户信息平台由哪些部门合作建设，公信力会比较强?

搭建“碳惠通”平台 探索生态产品价值实现机制

——重庆“碳惠通”平台建设应用实践

【引言】2018年4月26日，习近平总书记在深入推动长江经济带发展座谈会上指出，选择具备条件的地区开展生态产品价值实现机制试点，探索政府主导、企业和社会各界参与、市场化运作、可持续的生态产品价值实现路径。

【摘要】重庆市贯彻落实习近平生态文明思想，践行绿水青山就是金山银山理念，建立健全“碳惠通”平台，依托该平台从四方面探索生态产品价值实现机制：开展地方核证自愿减排量登记与交易，丰富地方碳市场交易品种；开设“个人碳账户”，建立低碳积分转换机制，引导公众践行绿色低碳生活；挖掘农村和库区特色减排项目，服务区域发展和乡村振兴战略；开拓碳资产管理与绿色金融服务功能。截至2023年10月底，平台登记确权碳减排量累计交易358万吨、成交金额9194万元，平台个人用户端注册人数超过160万人，促成绿色贷款金额超50亿元。

【关键词】“碳惠通” 生态产品价值 绿色金融

一、背景情况

重庆市“碳惠通”平台是集碳履约、碳中和、碳普惠功能于一体的生态产品价值实现载体。2021 年，中共中央办公厅、国务院办公厅印发了《关于建立健全生态产品价值实现机制的意见》，指出要加快完善政府主导、企业和社会各界参与、市场化运作、可持续的生态产品价值实现路径。为打通生态碳汇、碳减排项目价值转换通道，2021 年 9 月，重庆市生态环境局印发了《重庆市“碳惠通”生态产品价值实现平台管理办法（试行）》，明确了市内“碳惠通”减排项目、方法学及减排量的产生与消纳方式。2021 年 10 月 22 日，“碳惠通”平台正式上线运行。此后，重庆市委、市政府在一系列政策文件中明确提出“建立能够体现碳汇价值的生态产品价值实现机制”“建好用活‘碳惠通’生态产品价值实现平台”“积极拓展平台各项功能”，要求逐步完善平台功能、不断拓展应用场景。“碳惠通”平台已建立起涵盖林业碳汇、可再生能源、绿色交通等多种项目类型的生态产品价值实现机制。

二、主要做法

（一）创新谋划，促进地方碳市场建设与发展

“碳惠通”是重庆市地方核证自愿减排量（以下简称“自愿减排量”）确权、交易登记的重要基础平台。平台精准对接碳减排量供给与碳排放配额履约两端，搭建生态产品供给侧和需求侧转化通道。碳减排备

案项目须在“碳惠通”平台进行登记，方能进入重庆地方碳市场进行交易。碳市场控排企业注册登记后也可购买经过平台登记的自愿减排量，用于履约清缴。平台丰富了地方碳市场生态产品交易种类，提升了生态产品项目的开发能力，推动了生态产品与产业转型发展的进一步融合，逐步成为碳市场控排企业实施多元化碳减排的“助推器”。截至 2023 年 10 月底，70 多家企业登记，自愿减排量累计交易 358 万吨、交易金额 9194 万元。

（二）多方参与，推广绿色低碳生产生活方式

平台坚持向社会公众普及绿色低碳生活方式，推动实施绿色低碳全民行动，引导公民低碳意识向低碳行为转变。创新开设公众“个人碳账户”功能，并嵌入微信、支付宝等小程序或 App，依据相应的方法学（减排标准），对绿色出行、生活节能、低碳办公、绿色消费、资源节约与回收等个人减碳行为进行量化，发放碳积分，可在兑换平台换取所需商品，引导公众践行绿色低碳生活方式。截至 2023 年 10 月底，平台个人端注册用户超过 160 万人，搭建低碳应用场景 15 个，成功入选由中央文明办、生态环境部评选的“提升公民生态文明意识行动计划 2022 年全国十佳公众参与案例”。

（三）低碳赋能，服务区域发展与乡村振兴战略

平台与地方高校、科研团队开展合作，深入挖掘农村地区和库区山区特色减排项目，开发减排方法学，指导业主单位科学推进项目落地，产生自愿减排量在平台进行登记、促成交易，助推地方绿色产业发展和居民增收，以绿色低碳发展赋能乡村振兴。忠县作为首个试点区县已启动实施消落带减污降碳协同治理项目，首批项目预计带动社

会投资超过3000万元，治理后可减少二氧化碳排放25.2万吨/年，实现自愿减排量交易收益约756万元/年；正在开展遗留矿山修复过程中的生态产品开发、农村集体林地碳普惠方法学前置研究和机制建设，完善相关开发标准体系，试点推动矿山修复和农村集体林地依托碳市场实现收益。

（四）价值转换，丰富绿色金融产品

平台建立了以企业碳减排数据链为核心的碳资产管理与绿色金融服务机制，开设林业碳汇预期收益权质押功能板块，对林业碳汇未来预期收益权进行自主申报、效益测算、管控与质押登记，金融机构以预期收益权为质押向企业提供融资产品。截至2023年10月底，已推动实现林业碳汇预期收益权质押贷款3笔，贷款总额超过1.2亿元。此外，平台定期筛选优质碳普惠绿色项目并向金融机构推送，协助企业获得绿色贷款，累计促成绿色贷款项目超过30个，贷款金额超过50亿元。

三、经验启示

1.“碳惠通”为具有碳汇价值的生态产品提供了价值转换通道。一方面，“碳惠通”平台促进了因地制宜开发自愿减排项目，扩大了具有碳汇价值的生态产品供给；另一方面，通过碳市场“碳履约”机制、社会公众碳减排获益机制，满足了各类主体的碳减排需求，实现了多元化生态产品供给与多渠道绿色消费的相辅相成、相互促进。根据《碳排放权交易管理暂行条例》，对该条例施行前建立的地方碳排放权交易市场，应当参照该条例的规定健全完善有关管理制度，加强监督管理。重庆将严格遵守该条例规定，找准地方碳市场功能定位，加强

与全国碳市场协调衔接，充分发挥自身优势，促进绿色低碳发展。

2. 充分发挥市场机制作用是持续推动生态产品价值实现的根本保证。充分发挥市场在资源配置中的决定性作用，才能实现生态产品价值持续有效转化。“碳惠通”生态产品价值实现平台充分利用重庆地方碳市场价格发现机制，将生态产品融入碳排放权交易市场、融入绿色生活和绿色消费场景，有效统筹平衡各方面效益，实现了可持续、良性循环的运行机制。

3. 促进经济社会绿色低碳转型是生态产品价值实现的最终目的。建立生态产品价值实现机制需要紧紧围绕推动经济社会发展全面绿色转型这一总目标，积极提供更多优质生态产品以满足人民日益增长的优美生态环境需要。“碳惠通”生态产品价值实现平台有助于促进城乡生态资源流动，平衡区域生态与产业禀赋，推进绿色先进技术应用，补偿企业绿色低碳转型成本，促进绿色发展。

【思考题】

1. 基于我国国情优化生态产品的创新应用模式，如何在生活方式的绿色转型中让社会公众获得实惠?

2. 如何充分发挥绿色金融在企业主动碳减排与企业转型升级发展中的作用?

电力大数据创新碳排放测算方法夯实“双碳”工作数据基础

——全国碳排放监测分析服务平台建设经验

【引言】2022年1月24日，习近平总书记在主持十九届中央政治局第三十六次集体学习时强调，要健全“双碳”标准，构建统一规范的碳排放统计核算体系，推动能源“双控”向碳排放总量和强度“双控”转变。

【摘要】碳排放数据是推进碳达峰碳中和工作的重要基础。现有碳排放数据主要在统计年鉴数据基础上根据排放因子法核算，时效性和精细度难以满足政策规划制定、定期调度考核等工作要求。受原碳达峰碳中和工作领导小组办公室委托，国家电网公司牵头各电力企业探索建立了全国碳排放监测分析服务平台，汇聚能源“双碳”数据，研究“以电算能（产）、以能（产）算碳”的“电—碳计算模型”，加强交叉验证，构建全国及分地区、分行业碳排放监测分析体系，为推动经济绿色低碳转型和高质量发展提供了有力支撑，为实现“双碳”目标贡献智慧和力量。

【关键词】电力大数据　“电—碳计算模型”　碳排放监测分析

一、背景情况

2020 年 9 月，习近平主席在第 75 届联合国大会一般性辩论上作出碳达峰碳中和重大宣示。2021 年 10 月，中共中央、国务院公布《关于完整准确全面贯彻新发展理念做好碳达峰碳中和工作的意见》，国务院印发《2030 年前碳达峰行动方案》，部署“加快建立统一规范的碳排放统计核算体系”“加强二氧化碳排放统计核算能力建设，提升信息化实测水平”等重点任务。

目前我国省级和行业碳排放核算方法高度依赖统计年鉴数据，时效性、精细度难以满足政府决策需求。而我国拥有统一的电网调控系统，电力数据具有实时性强、准确度高、分辨率高、采集范围广、获取成本低且与碳排放显著相关等优点，是开展碳排放测算的优质基础数据源。2022 年 3 月，原碳达峰碳中和工作领导小组办公室委托国家电网公司牵头，联合南方电网公司、内蒙古电力公司、新疆生产建设兵团电力集团等单位试点建设全国碳排放监测分析服务平台（以下简称“平台”），探索构建“电—碳计算模型”，利用电力大数据获得及时、准确、可靠的分地区、分行业高频碳排放数据，成为碳排放统计核算体系的有效补充。

二、主要做法

（一）发挥电网组织机制优势，推动平台建设有序开展

国家电网公司高度重视平台建设工作，在公司碳达峰碳中和工作

全国碳排放监测分析服务平台终端

领导小组下增设了平台建设专项工作组及办公室，统筹管控平台建设进度、质量、安全等工作。强化人员力量配备，建立由电网企业、高校、科研院所有关专家组成的工作专班，为高质量建设平台提供科学指导。建立健全工作管理机制，强化部门协同和常态化沟通，科学审评研究成果，强化创新驱动引领，助力平台建设有序开展。

（二）发挥电力数据管理优势，推动能源数据融通共享

良好的数据管理能力是推进海量数据汇聚、支撑模型训练的重要基础。国家电网公司作为首个获评数据管理能力成熟度 5 级的央企，推动构建了全国和省级“双碳”数据资源目录及基于负面清单的数据共享机制，形成了科学完善的企业级数据管理体系，推动多方“双碳”数据汇聚共享，实现全国碳排放数据“一张图”。

一是构建“双碳”数据标准化存储模式。根据区域行业碳排放监测需求，自主设计“双碳”数据体系，明确 24 类 145 项数据需求及 28

类数据来源。参考联合国政府间气候变化专门委员会（IPCC）数据收集方法，结合我国“双碳”数据特征，研究各类数据接入方案及数据标准体系，搭建统一的数据模型。基于电网企业的数据平台汇聚分行业用电量、省间交换电量等内部数据，依托能源大数据中心汇聚区域行业能源消费、区域生产总值、工业农业活动水平等外部数据，通过数据交互链路汇聚南方电网公司、内蒙古电力公司、新疆生产建设兵团电力集团相关数据，实现5537张数据表、4150万条“双碳”数据标准化存储。

二是坚持以用促治和常态核查提高数据质量。坚持应用导向，围绕实际需求设计基础数据质量评价体系，从完整性、准确性、一致性、及时性、合理性等5方面细化稽核规则，提炼形成14类44项数据稽核规则库。坚持以用促治与常态核查双向并行，健全数据质量核查检验流程，开展“源端—模型—应用”全链条数据治理工作，剔除无效数据，补齐关键数据，有效解决历史数据缺失、字段内容重复、数值突变等问题，稳步提升平台基础数据质量。

（三）发挥电力技术创新优势，助力碳排放监测体系建设

电力行业是最具代表性的碳排放行业，电力数据与碳排放数据在统计学上具有显著相关性。国家电网公司创新提出利用电力大数据测算碳排放，为解决碳排放数据时效性问题提供了可行路径。

一是深入论证构建科学合理模型。充分发挥技术优势，从“数据可行”“算法可行”和“能力可行”等方面深入论证“以电算碳”的科学性、合理性。在遵循IPCC体系基础上，创新采取“以电算能（产）、以能（产）算碳”的思路，构建“电—碳计算模型”。引入机器学习算法开展历史数据回归拟合，实现模型动态自适应调参。基于电碳耦合

理论，提出动态电力碳排放因子计算方法，实现省间电力转移碳排放按月精准计算。逐步构建“一区域一模型、一行业一模型”，实现了全国及31个省（区、市）、14个重点行业碳排放数据的按月更新。

二是邀请权威专家评审优化模型。在2022年11月模型评审会上，来自中国科学院、中国工程院的5名院士及能源“双碳”领域有关权威专家高度评价模型研究成果，一致认为“‘电—碳计算模型’是对现有碳排放核算方法的创新和有效补充，在国际上属于首创”。国家电网公司根据专家意见进一步优化完善模型设置，与传统统计核算方法相比，模型数据时效性可提前12—18个月，可有效满足高精度、高频度碳排放监测需求。

（四）发挥电力数据价值优势，服务国家“双碳”决策

全面、及时、准确的碳排放数据是开展“双碳”形势分析、研判预警、政策制定的重要基础。国家电网公司以科学的精神、严谨的态度，持续验证平台数据可信度，为深化平台推广应用、服务国家碳排放治理奠定了坚实基础。

一是计算结果经全方位、多层次交叉验证获得广泛认可。国家电网公司基于国家统计局发布的能源消费数据和工业产量数据对平台数据进行核验，全国及分地区、分行业碳排放计算结果偏差率均低于5%。与知名度较高、数据较完整的国内外碳排放数据库进行比对，模型计算结果均处于95%置信区间范围内，具有较高可信性。与清华大学、北京理工大学等高等院校相关数据协同验证结果也高度一致。

二是计算结果可为多类主体决策提供数据支撑。各省（区、市）推进“双碳”工作面临不同挑战，河北、山西等省碳排放总量、强度“双高”，北京、上海等市碳排放总量、强度“双低”。后续，国家电

网公司将持续拓展数据应用场景，推动平台数据用于企业碳核查、碳市场交易、绿色供应链及绿色金融等领域，为经济绿色低碳转型和高质量发展提供关键支撑。

三、经验启示

1. 旗帜引领是方向，发挥央企“顶梁柱”作用，积极融入国家重大战略。国家电网公司深入贯彻落实习近平总书记重要指示精神，牢记“国之大者”，主动融入国家“双碳”战略，充分发挥电力大数据优势，为大范围、低成本、及时准确测算碳排放提供了新的解决方案，实现分地区、分行业碳排放动态量化监测，助力实现碳达峰碳中和。

2. 国家重视是基础，打造政企合作、电网主导、多方参与的共建模式。2021 年，原碳达峰碳中和工作领导小组办公室在广泛调研基础上，充分肯定电力大数据对开展碳排放监测的重要价值，将国家电网公司、南方电网公司增补为碳排放统计核算工作组成员单位。2022 年 3 月，国家电网公司牵头试点平台建设，构建“政企合作、电网主导、多方参与”的模式，推进科技、资金、人才资源优化配置，充分调动专家智库力量，形成强大工作合力。

3. 科学规划是核心，推动电力大数据监测分析平台成为碳排放统计核算体系的有效补充。国家电网公司坚持系统观念和全局思维，深入开展调查研究，科学谋划工作思路，建立“模型—因子库—方法学”研究路径，推动平台建设取得积极成效。下一步，国家电网公司将持续深化地市、园区、企业级等高精度高频度测算模型研究，构建动态电力碳排放因子库，弥补我国在国际碳排放核算方法学上的短板弱项，提升我国在全球气候变化治理中的话语权。

4. 数据安全是保障，稳妥有序推动能源数据的共享应用。国家电网公司高度重视平台数据安全，将平台作为政企合作的服务节点，依托安全防护技术体系推动能源数据要素的共享应用。后续，国家电网公司将充分利用现有平台基础，探索利用美欧等主要经济体公开能源数据，开展碳排放试算，为我国开展气候变化领域多双边谈判提供有力支撑。

【思考题】

1. 如何进一步推动基于电力大数据的碳排放测算方法与现有碳排放统计核算体系的有机衔接?

2. 如何进一步发挥电网企业及电力数据优势，精细化动态计算电力调入调出二氧化碳间接排放?

十年铸剑焰纯青　一朝出鞘定长鸣

——我国参与太阳能国际标准化跨越式发展纪实

【引言】2016 年 9 月 12 日，习近平主席在致第 39 届国际标准化组织大会的贺信中指出，国际标准是全球治理体系和经贸合作发展的重要技术基础。中国将积极实施标准化战略，以标准助力创新发展、协调发展、绿色发展、开放发展、共享发展。

【摘要】我国是全球最大的太阳能利用产品生产国、消费国和出口国，太阳能是可再生能源国际标准化最为重要和活跃的领域。2011 年以来，国家市场监管总局（国家标准委）组织相关单位积极参与太阳能领域国际标准化活动，从太阳能集热器部件和材料切入，依托我方在太阳能利用核心材料部件的全产业链技术优势，加强国际贸易和科研的交流与合作，推动我国参与制定了 6 项太阳能领域国际标准，占同期制定国际标准数量的 50%，实现了跨越式发展，为全球能源绿色低碳转型提供了重要技术支撑。

【关键词】太阳能　国际标准化　绿色国际贸易规则

一、背景情况

截至2022年底，我国太阳能集热系统保有面积达6.2亿平方米，相关产品和技术广泛应用于全球范围内太阳能采暖、供热、制冷等领域，国内外市场规模达数千亿元。但2011年前相当长时间内，我国在该领域国际标准化工作实质参与度低，造成产业参与国际贸易中被动遵从西方为主制定的国际标准，技术升级、产品研发的战略发展方向上“受制于人”的情况突出，严重制约了我国由全球太阳能利用大国向强国的转变。国家市场监管总局（国家标准委）坚持十年磨一剑，组织相关单位积极参与太阳能领域国际标准化活动，坚持合作共赢，国际标准化成绩显著，为引领全球太阳能技术创新、能源绿色低碳转型提供了重要技术支撑。

二、主要做法

（一）从全产业链条着眼，寻找最佳切入点

太阳能利用产业具有链条长、涉及面广的特点。长期以来，欧美作为主要的海外产品用户，通过牵头制定太阳能利用系统国际标准，从产品需求侧通过规定系统整体技术要求引导了全球产业链的发展。2011年以来，国家标准委全程指导中国标准化研究院、全国太阳能标准化技术委员会等国内专业对口技术机构，积极组织国内相关方参与国际标准化组织太阳能技术委员会（ISO/TC 180）的国际标准研制工作，从全产业链条着眼，针对太阳能利用产品供给侧国际标准缺失的现状，选取供给侧最为核心的环节，即太阳能集热器部件和材料作为突破口，通过国际标准化专项工作资金和政策支持，助力我国相关单

位和专家有效参与制定相关国际标准，逐渐构建形成了 ISO 22975 部件材料系列国际标准，在太阳能利用领域形成了欧美主导系统整机国际标准、我国引领材料部件国际标准发展、双方协同引导全产业链条产品质量提升的新局面，完善了相关国际标准体系。

（二）充分依托我方产业技术优势，赢得国际认可

我方依托国内对口 ISO/TC 180 的全国太阳能标准化技术委员会等平台，积极整合产业技术力量，组成较为固定的高水平国际标准化人才队伍，连续 10 年稳定跟踪、深度参与国际标准研制，特别是在全玻璃真空太阳能集热管这一核心材料部件领域，我国具有全球独一无二的覆盖研发设计、生产制造、试验检测、工程应用等全产业链条的技术能力，且具有完全独立自主知识产权并达到国际领先水平，我方相关技术研究和试验结果得到包括欧美在内的国际主要相关方的普遍认可，以此为基础我方持续为国际标准研制提供重要技术支持，在 ISO/TC 180 内形成一支赢得各国专家高度认可的“中国队”，确保我国可以深入有效参与制定相关国际标准。

（三）形成国际合力，以合作促共赢

我方高度重视国际合作交流机制建设，通过长期国际贸易合作和国际科研合作，积极开展我方与外方在行业企业层面的技术交流与合作，吸引外方专家参与到相关国际标准研制过程中。具体工作过程中，一方面注重最大程度与已有国际标准的协调兼容，树立我方完善和提升已有国际标准体系的积极形象；另一方面对于标准的主要内容均基于可重复验证的试验测试基础上，注重与外方开展联合试验研究或者开展国际循环比对研究，积极深化标准研究的国际合作，最大限度地增强外方的参与度和技术认可度，从而推动相关国际标准成为各方普

位于西藏浪卡子的高海拔太阳能集热供暖项目

遍认可的“最大公约数”。

经过10年努力，我国从无到有，在ISO/TC 180内参与制定6项国际标准，占同期国际标准制定的一半，同时已发展形成ISO 22975太阳能集热器部件和材料系列标准，我国参与该系列5项标准中的4项。相关国际标准得到全球广泛采用，所涉及的太阳能集热产品年产量超过3000万平方米，年产值超过200亿元，为全球能源绿色低碳转型提供了重要的标准化技术支撑，为我国碳达峰碳中和国际标准化工作提供了成功范例。

三、经验启示

1. 以全球低碳发展为切入点，运用国际标准塑造绿色贸易规则。我国以完善提升全球绿色能源产业供应链为切入点，积极参与相关国际标准研制，顺应绿色低碳发展的时代主题，赢得了国际共鸣。通过积极参与相关太阳能国际标准制定，将中国国家标准推广成为国际标准。在此基础上，助力提升产品供应链话语权，将我国“双碳”优势产业和技术以国际标准为载体实现可复制、可推广，塑造成为全球相关方认同、接受的绿色国际贸易规则。

2. 以技术产业优势为基础，运用国际标准破解产业“走出去”障碍。我国具有全球范围内最为完整的可再生能源产业链条，具有一大批国际先进水平的技术和产品。我方专家均来自研发、生产、检测认证等太阳能利用全产业链条的主要环节，持续聚焦“技术国际化、贸易便利化”目标积极参与国际标准研制，充分体现了“产业做好标准、标准利好产业”的原则，形成了推动我国持续深入参与国际标准化工作的内生动力，以国际标准有效应对产业“走出去”的国际规制挑战。

3. 以合作共赢为根本，运用国际标准凝聚全球共识。在国际标准研制过程中，我方专家注重与各国利益相关方开展技术交流、沟通和合作，聚焦国际贸易便利化和低碳绿色产品全球推广应用等共同关切，在标准研制过程中尽量采纳各国意见建议，从而迅速在标准发展的方向、原则和主要问题上取得共识，以合作研究解决技术分歧、以标准体现合作成果，有效激发各国专家积极参与国际标准制定，变以往我方被动接受既定国际标准约束的“要我做”为主动共筑共用国际标准的“我们要做”，实现共赢新局面。

【思考题】

1. 如何通过“双碳”国际标准化工作助力我国具有技术和产业优势的制造业破除国际贸易壁垒，实现“中国制造走出去”？

2. 如何吸引更多中小发展中国家积极参与到“双碳”国际标准化工作中来？

积极引导全民低碳生活

打造低碳景区　探索低碳旅游

——福建泰宁县推进寨下大峡谷低碳景区试点建设

【引言】2021年3月22日，习近平总书记在福建考察时指出，要坚持生态保护第一，统筹保护和发展，有序推进生态移民，适度发展生态旅游，实现生态保护、绿色发展、民生改善相统一。

【摘要】福建省三明市泰宁县深入开展低碳景区创建工作，积极构建低碳景区管理体系，加快实施景区用能系统、交通设施、旅游项目等低碳提升工程，创新绿色可持续运营模式，持续深化低碳景区建设，积极宣传低碳理念，推广低碳旅游方式，将寨下大峡谷景区打造成三明市第一个低碳景区试点单位，为泰宁县旅游业转型升级和内涵式发展起到了积极示范作用。

【关键词】低碳景区　低碳旅游　低碳理念

一、背景情况

寨下大峡谷位于泰宁世界地质公园西部，方圆5公里，长4公里，属于自然生态型景区，全程以徒步游览为主，以“地质演变的精彩教科书”为特色，是福建省第一条地学旅游科考路线，被誉为“世界地质公园的样板景区”。此前，寨下大峡谷主要以原始粗放式游览为主，游客多选择自驾方式前往，周边村民拾柴烧火现象时有发生，景区碳排放管理工作基本处于空白状态。三明市印发实施《三明市低碳发展规划（2018—2022）》，明确提出到2022年形成一批各具特色的低碳景区工作要求。泰宁县委、县政府高度重视，以此为契机，在寨下大峡谷景区深入开展低碳景区建设，推动景区绿色低碳发展。

寨下大峡谷百嘴岩

二、主要做法

（一）加强领导，构建低碳景区管理体系

一是加强组织保障。成立以县领导为组长的低碳景区试点工作领导小组，统筹低碳景区试点各项工作，并聘请生态保护专家和专业团队加强指导。结合寨下大峡谷景区实际，制定出台《泰宁县低碳景区寨下大峡谷试点建设实施方案》，建立寨下大峡谷低碳景区试点指标体系。

二是建立管理体系。强化景区节能减排制度建设，制定《低碳景区建设管理体系》《低碳办公管理制度》《低碳客运运营管理制度》《低碳空调运行管理制度》等各项节能减排制度，明确景区低碳运营管理组织架构和任务职责分工。实时监测并对外公开发布景区空气指数，及时掌握景区的碳排放情况。

三是强化督查考核。建立健全督查反馈和通报考核制度，制定完善监督考核办法，明确工作要求、监督检查、考核标准、结果运用等内容，通过听取汇报、查阅资料、集中检查和抽样调查相结合的办法，进行监督检查与考核，将低碳景区试点建设工作纳入景区公司年度考评、生态文明建设考评和负责人述职评议内容，确保试点工作任务顺利开展。

（二）强化举措，抓好低碳景区基础建设

一是系统推进节能降碳改造。开展景区内用能系统低碳化升级，逐步推进景区道路、办公室、员工宿舍、餐厅等区域节能降碳改造，利用智能监控巡察手段，建设景区绿色智慧用电系统，开展照明系统

升级改造，将太阳能路灯等灯具有机融入景观，营造低碳舒适自然的灯光氛围。引导景区周边居民用能结构绿色化调整，与景区所在的际溪村 44 户村民签订节柴改燃承诺书，通过“以汽代补”代替“现金直补”的方式积极引导农村改燃禁柴，有效减少群众因伐柴造成的植被破坏。加强景区林地保护监管，实施天然林有偿使用补偿政策，在落实省级公益林补助基础上，从门票收入中安排专项资金，按 6 元 / 亩对景区 8225 亩林地予以补助。

二是构建景区低碳交通体系。健全景区低碳交通配套设施，开通城区至寨下大峡谷旅游专线，购置 10 余辆新能源车，在景区内和游客集散中心布局充电桩 5 个，满足新能源车充电需求。自景区新能源车运营以来，搭乘游客数量达 8.2 万人次，呈现逐年上涨趋势。倡导低碳出行方式，实行景区交通管制和差异化停车收费标准，新建生态停车场 3000 平方米用于停放游客车辆，并收取 10—15 元不等停车费。创新原生态全程步行游览模式，建设 2 公里生态游步道，依托景区天然山泉水为运输动力修建 600 米玻璃水滑道，吸引游客徒步进入景区，体验低碳游览方式带来的独特观光体验。

三是加强基础设施绿色建设。投资 1000 余万元实施游客中心建设、水街改造、游步道修缮更新、景区标识标牌升级改造等工程，在项目设计、施工建造过程中坚持人与自然环境相协调原则，严格执行工程建设项目绿色建造水平评价标准，优先选用环保材料，推动旧房改造木材再利用。在建筑结构设计中，充分应用日光照明和自然通风设计，最大化减少能源消耗，降低二氧化碳排放。

（三）明确理念，创新低碳景区运营模式

一是打造低碳旅游文化品牌。加强宣传引导，利用微信公众号、

公益广告广播、导游讲解等多种渠道和景区LED大屏、宣传栏、宣传画册、景区标识牌等多种媒介，常态化开展低碳旅游宣传活动，向游客、景区员工和村民传播绿色低碳理念。发挥中小学生研学基地优势，积极开展“地球一小时”“低碳日”等主题活动，讲好“寨下绿色低碳故事”，打响低碳文旅品牌。

二是开发绿色旅游景观项目。建设寨下“丛林穿越”、寨下水街、寨下金龟驮仙等网红景观项目，吸引游客低碳化感受自然。创新景区低碳研学课程产品，制作一批“跟着课本去旅行”教学小品，被教育部授予“全国中小学生研学实践教育基地”。景区年接待游客量从17.1万人次提升至26.7万人次，年营业总收入从460余万元增至750余万元。

三是探索集约开发运营模式。因地制宜创新“生态环境治理+旅游开发+绿色产业”的低碳景区发展模式，以“政府+企业”为景区运营主体，在开发初期强化政策引导，加大景区长松材线虫病防治、生态环境保护等资金保障力度，在景区运行、管理中充分发挥市场配置资源作用，加强专业化、市场化开发运营，逐步实现生态保护反哺经济社会发展。寨下大峡谷已成为泰宁县低碳旅游示范“窗口”，自然人文资源得到有效保护，景区植被覆盖率超90%，地表水质全部达到Ⅱ类及以上标准，空气质量指标全部达到一级标准，景区年碳减排339.39吨、“节柴改燃”年节柴量达78.84吨，游客对环境的满意度达95%以上，实现了环境效益、社会效益和经济效益的共赢。

三、经验启示

1. 贯彻低碳化发展理念。要强化低碳景区建设的组织领导，加强组织要素保障，将低碳环保的理念贯穿低碳景区打造全过程。要紧紧围绕绿色低碳发展理念，立足生态旅游和低碳景区建设，主动挖掘现有资源，科学合理制定低碳景区实施方案，确保各项建设任务可执行、有成效。

2. 把握绿色化建设要求。要突出重点，围绕降低碳排放目标对景区软硬件设施以及产品服务进行优化提升。在重视低碳化的同时也要兼顾体验化，创新丰富食、住、行、游、购、娱各环节产品和服务，避免因一味追求低碳建设目标而忽略甚至牺牲游客的旅游体验，进而影响低碳景区的长期可持续发展。

3. 创新循环化运营模式。要积极探索景区生态环境保护产业化模式，努力在项目运营层面实现关联产业收益补贴生态环境治理投入，实现景区生态保护和可持续开发利用的和谐统一。要积极引导游客形成低碳环保的旅游观念，自觉践行低碳行为，主动参与到低碳景区建设中来，共同推动生态保护、绿色旅游成势见效。

【思考题】

1. 对于像泰宁县这样旅游资源较为丰富但经济相对落后的地区，如何打好低碳景区建设这张牌，更好带动当地经济社会发展?

2. 如何实现低碳景区建设的标准化?

创新开展低碳积分制　引领绿色生活新风尚

——江西公共机构绿色生活方式倡导示范案例

【引言】2021年12月8日，习近平总书记在中央经济工作会议上指出，在消费领域，要增强全民节约意识，倡导简约适度、绿色低碳的生活方式，反对奢侈浪费和过度消费，深入开展“光盘”等粮食节约行动，广泛开展创建绿色机关、绿色家庭、绿色社区、绿色出行等行动。

【摘要】绿色低碳生活是绿色发展方式的重要内容。为落实碳达峰碳中和决策部署，充分发挥公共机构在全社会绿色低碳发展中的示范引领作用，江西省有关部门牵头制定公共机构低碳积分制试点工作实施方案，按照“政府引导、市场运作、标准统一、广泛惠民、方便好用、群众接受”的原则，委托第三方建设公共机构低碳积分制平台，量化公共机构和干部职工绿色办公、绿色出行、绿色生活等低碳行为，拓展参与主体，逐步丰富绿色低碳场景，引导大众践行简约适度、绿色低碳的工作和生活方式，营造了绿色发展浓厚氛围，带动了绿色消费，为形成绿色低碳生活方式提供了经验借鉴。

【关键词】公共机构　低碳生活　低碳积分

一、背景情况

公共机构是节能降碳的重要领域，是宣传绿色低碳发展理念的重要窗口，在全社会绿色低碳发展中发挥着示范引领作用。2021 年 11 月，为贯彻落实党中央、国务院关于碳达峰碳中和决策部署，深入推进公共机构节约能源资源、绿色低碳发展，充分发挥公共机构示范引领作用，国家机关事务管理局、国家发展改革委、财政部、生态环境部联合印发实施《深入开展公共机构绿色低碳引领行动促进碳达峰实施方案》。

江西省认真贯彻落实碳达峰碳中和重大决策部署，推动公共机构资源能源节约与碳普惠深度融合，引导干部职工带头践行简约适度、绿色低碳的工作和生活方式，以实际行动助力“双碳”目标实现。2021 年，江西省机关事务管理局牵头建设全省公共机构低碳积分制平台，将公共机构绿色采购、绿色办公、节能改造、新能源利用和干部职工绿色工作、绿色出行、绿色消费、垃圾分类、光盘行动等绿色低碳行为量化为碳积分，建立积分激励机制，为节能减碳行为提供附加值。截至 2023 年 10 月，注册人数达 158 万人，累计绿色积分 7.9 亿分，绿色行动实现碳减排 16.9 万吨，举办零碳会议 1928 场，碳抵消 1.3 万吨，简约适度、绿色低碳的工作和生活方式在公共机构蔚然成风。

二、主要做法

（一）制定试点实施方案，不断完善碳积分规则

坚持以习近平生态文明思想为指导，将推进公共机构碳普惠机制建设作为贯彻新发展理念、助力实现“双碳”目标的重要抓手，列入江西省全面深化改革年度重点工作任务。由江西省机关事务局牵头，江西省发展改革委、江西省生态环境厅等部门协同推进，共商公共机构碳普惠与绿色工作和绿色生活融合机制。通过专项调研、项目论证、座谈交流、问卷调查等方式，充分听取各方面意见，制定印发了《关于江西省公共机构低碳积分制试点工作实施方案》。根据不同绿色低碳行为的碳减排数量和实施难易程度制定碳积分规则，并根据试点开展和用户反馈情况不断加以完善，形成更加科学合理、完整规范的碳积分规则。

（二）坚持政府带头引导，不断拓展参与主体

按照“政府引导、市场运作、标准统一、广泛惠民、方便好用、群众接受”的原则，委托第三方企业开发碳普惠平台（即“绿宝碳汇”平台），负责平台日常运维管理。在 2021 年 8 月江西省节能宣传周启动仪式上，“绿宝碳汇”平台正式对外发布，并通过制作宣传短片、发放操作手册、举办专题发布会等方式，扩大“绿宝碳汇”平台影响，营造积极参与碳普惠的浓厚氛围。“绿宝碳汇”平台已成为江西省干部职工学习习近平生态文明思想和宣传普及“双碳”政策知识的重要阵地，平台用户包含江西省各级各类公共机构、中国农业银行江西分行、江西移动、江西电信等企业和其他社会群体，有效引导了全社会参与节能减排的积极性和主动性。

工作人员研讨“绿宝碳汇”平台架构

（三）科学规划平台功能，不断丰富绿色低碳场景

根据不同绿色低碳行为的碳减排量和实施难易程度，坚持“成熟一个、纳入一个”的原则，逐步拓展低碳场景，建立科学合理的碳积分规则和公共机构碳普惠激励机制。干部职工可通过步行、乘地铁、骑行共享单车、垃圾分类回收、打卡光盘行动、线上缴费、低碳知识竞答、绿色低碳志愿活动等 14 种方式获得绿色积分。单位可通过举办绿色低碳公益活动、开展绿色回收、举办零碳会议、安装新能源充电桩、实施节能改造项目、购买新能源汽车、实施光伏发电项目等 7 种方式获取蓝色积分。积分可用于优惠购买乡村振兴产品、优惠享受文旅服务等，也可兑换为江西省供销社网上商城代金券、新能源汽车充电代金券、绿色出行代金券、话费充值优惠券等，营造了“谁减碳，谁受益”的良好氛围，激励引导公共机构及干部职工主动践行绿色低碳行为。

三、经验启示

1. 注重顶层设计，筑牢发展根基。建设公共机构低碳积分制平台是一项全新的尝试。为此，江西省加强顶层设计，注重强力推动，先后将公共机构碳普惠制试点纳入江西省全面深化改革年度重点工作任务和省政府工作报告。同时，坚持稳步推进原则，在省直机关、南昌市、抚州市试点开展；按照“成熟一个、纳入一个”的原则不断增加应用场景，逐步优化完善平台，使其功能和效益最大化。

2. 注重标准引领，坚持为民利民。碳普惠平台涉及个人和单位各类低碳行为数据。江西省先后出台了《公共机构碳转换管理规范》等多项地方标准，不断优化平台建设方案，提高平台安全等级，打消了公众对数据安全的顾虑。借助大数据、云计算、物联网等手段，获取低碳行为数据，建立碳普惠账户，切实做到广泛惠民、方便好用，最大程度地方便了干部职工践行绿色生活行为。

3. 注重正向引导，推进合作共赢。绿色低碳生活方式是一种新理念、新风尚。为此，江西省在推进公共机构低碳积分制工作中始终坚持“自主自愿、鼓励创新”的原则，通过丰富激励措施、畅通积分出口，让广大干部职工切实体会到践行绿色低碳生活方式的价值所在，激发参与碳普惠工作的积极性和主动性。“绿宝碳汇”平台运行以来，有效提升了公共机构绿色低碳发展水平，助力了全省绿色低碳产业发展。

【思考题】

1. 公共机构碳普惠制如何实现向社会延伸?

2. “绿宝碳汇”平台还可以拓展哪些低碳场景?

创新探索社区碳中和解决方案

——广东深圳市盐田区大梅沙近零碳排放社区的创新实践

【引言】2018年5月18日，习近平总书记在全国生态环境保护大会上强调，要倡导简约适度、绿色低碳的生活方式，广泛开展节约型机关、绿色家庭、绿色学校、绿色社区创建活动，推广绿色出行，通过生活方式绿色革命，倒逼生产方式绿色转型。

【摘要】社区是城市治理体系的基本单元，也是加快形成绿色生产生活方式、提升城乡建设绿色低碳发展质量的基础环节之一。为满足人民群众日益增长的优美生态环境需求，大梅沙社区作为深圳首批近零碳排放区试点建设示范社区，强化党建引领与低碳建设融合发展，制定近零碳排放社区试点建设实施方案，引导社区各类主体共建共治共享，以分布式能源、绿色出行、绿色建筑、垃圾智能分类、厨余垃圾有机处理、生态修复等为重点，积极建设近零碳排放典型示范工程，打造了一个集有机循环、低碳发展、社区营造、生物多样性、自然艺术于一体的综合性可持续社区样本。

【关键词】近零碳排放社区　共建共治共享　党建引领

一、背景情况

大梅沙社区位于深圳市盐田区东部的梅沙街道，面积约3.2平方公里，辖区总人口7467人，毗邻大梅沙海滨公园、海滨栈道、东部华侨城、奥特莱斯购物村、半山公园带等知名景区景点，被《中国国家地理》评为“中国最美的八大海岸”之一，年接纳游客达1000余万人次。2020年，大梅沙社区碳排放总量4221.31吨，碳汇11.79吨，社区净碳排放总量为4209.52吨，社区年人均净碳排放量0.68吨二氧化碳，主要来源于居民用电碳排放，其次为汽车碳排放。在碳达峰碳中和背景下，大梅沙社区于2021年申报并入选深圳市首批社区类近零碳排放区建设试点。建设过程中，坚持党建引领、共建共治共享、先行示范，优先实施重点领域减排行动，建成了一批建筑、能源、交通、生态碳汇、废弃物处置等多领域低碳示范工程。

二、主要做法

（一）党建引领，提升低碳治理水平

为解决近零碳排放社区建设过程中所出现的制度整合及资源统筹问题，梅沙街道党工委成立近零碳社区创建工作领导小组，制定和细

化近零碳排放社区创建工作方案，形成了党建与低碳建设同频共振的良好局面。大梅沙社区结合企业联盟党总支、小区党支部，开展“党建+‘双碳’”示范项目建设，梅沙街道在万科中心建立“‘双碳’+党建活动室”，盐田区生态环境局在社区建立“党建+‘双碳’大脑+‘双碳’图书馆”，积极通过义工等开展丰富多彩的“党建+‘双碳’”宣传活动，推动低碳环保理念深入人心。

（二）深入调研，制定科学详尽实施方案

在近零碳排放社区建设前，深入开展“零碳社区创建机制研究及盐田区试点建设项目”研究，积极走访座谈相关科研单位，了解国内外零碳建设典型案例及相关政策、运营机制。联合深圳建筑科学研究院等专业技术机构，以走访、问卷调查等形式，摸清社区能源、资源利用、交通、建筑、居民生活等各方面碳排放现状，组织编制《大梅沙近零碳排放社区试点建设指标达标分析报告》，出台《大梅沙近零碳排放社区试点建设实施方案》，结合大梅沙社区实际，系统谋划近零碳排放社区建设实施路径。

（三）开放合作，推动多方共建共治共享

盐田区政府先后与万科、深石管理咨询等企业签订战略合作框架协议，引入龙头企业与专业机构共同推进大梅沙片区近零碳排放示范建设，撬动社会资本近10亿元，成立资金达60亿元的“双碳”创新绿色基金。同时，多方位加强公众参与，在社区先后组织开展了“梅沙自然观察挑战赛”、“低碳半日游”、“零废弃”试点办公等100多场公众参与活动，主题涵盖生物多样性、废弃物处理等，吸引超过上万人参与。

“零碳社区，你我共建”宣传活动

（四）系统推进，能源“供消管”协同转型

在能源供给端，因地制宜推动分布式可再生能源，结合小区和城中村改造，持续加大光伏、储能、智慧用能等技术推广和利用，科学配置分布式光伏项目 + 分布式储能系统 + 充电桩，形成“就地光伏 + 储能 + 充电桩”的交通绿色能源供给模式。在能源消费端，倡导绿色出行，鼓励居民购买新能源汽车替代燃油汽车，社区新能源汽车占比超 30%；大力发展绿色低碳建筑，以万科中心一期改造项目为例，建成大梅沙万科中心碳中和实验园区，实现建筑综合节能率达 83%、可再生能源利用率达 85%、减碳率 92%，万科中心大楼荣获“绿色建筑 LEED 铂金认证”，成为全国唯一获此认证的城市综合体项目。在能源管理端，构建并运营“‘双碳’大脑”，以电力数据为主体计算电碳排放量、电碳排放强度、能耗总量、电耗强度四大指标，打造大梅沙社区碳排放智慧管理平台，建立社区碳排放评估和动态监管机制。

（五）创新示范，共促减污降碳

通过智能设备全覆盖实现社区垃圾100%智能分类，依靠“技防+人防”推动垃圾分类精细化管理，促进可回收物应收尽收，心海伽蓝小区被确定为生活垃圾集约化处置（国家重点研发计划项目）示范点。创新利用黑水虻破解厨余垃圾难题，黑水虻短短8天内便可吃胖4000倍，吃掉比自己重20万倍的厨余垃圾，通过“黑水虻+堆肥”生态化处理餐厨垃圾，建设黑水虻处理示范小站，以实现厨余垃圾在社区范围内就地处理和有机转化，有效降低废弃物处理碳排放，大幅降低运输和终端处理的成本压力。全面完成沙滩修复和滨海公园重建共计20.07公顷，启动大梅沙海域珊瑚种植和保育项目，采用人工干预的方式加快珊瑚礁的修复，在大梅沙海域的8个珊瑚增殖养护区，逐步恢复珊瑚礁生态，保护海洋生态，美化海洋景观，进一步提升海洋碳汇能力。

三、经验启示

1. 坚持党建引领。党建引领对于构建近零碳排放社区共建共治共享机制具有重要意义。大梅沙社区通过发挥基层党建的组织优势，借助基层党组织在近零碳排放社区建设前沿实践的核心引领作用，积极推行与近零碳排放社区建设相适应的区域化党建创新，最大限度地整合多元主体的资源与行动，增强基层党建在近零碳排放社区建设的整体效应，形成近零碳排放社区高效协同的治理网络。

2. 依靠共建共治共享。“政府主导、企业积极行动、社会公众参与”是大梅沙近零碳排放社区建设过程中的重要原则。这一原则下，充分发动各方广泛参与，开放合作撬动社会资金，同时利用碳普惠机制打造人人有责、人人尽责、人人享有的近零碳排放社区，提升居民在近零碳排放社区建设中的积极性与获得感。

3. 强化智慧管控。发挥“数字化”对构建近零碳排放社区长效管理机制的支撑作用。大梅沙社区建设“‘双碳’大脑”能源智慧管理系统，实现近零碳排放社区管理的可观、可感、可视、可控，选择“就地光伏 + 储能 + 充电桩”、垃圾智能分类回收管理等模式，极大地减少了管理的人力资源成本，实现自然资源高效再生利用，有力支撑了近零碳排放社区创建工作的可持续有效开展。

【思考题】

1. “双碳”背景下，如何结合社区实际，因地制宜打造低碳示范项目，助力社区实现碳中和?

2. 社区工作中，如何加强全民参与，让低碳意识深入人心?

勇当“碳”路者　践行大型活动碳中和

——云南多措并举实施COP15碳中和行动

【引言】2021年9月29日，习近平总书记在十九届中央政治局第三十三次集体学习时强调，要办好《生物多样性公约》第十五次缔约方大会，推动制定“2020年后全球生物多样性框架”，为世界贡献中国智慧、提供中国方案。

【摘要】《生物多样性公约》缔约方大会第十五次会议（COP15）第一阶段会议于2021年10月在云南昆明成功举办，这次大会将实施会议碳中和作为践行大会主题“生态文明：共建地球生命共同体”的生动实践，将可持续发展理念贯穿会议全过程。为实现会议碳中和，云南编制了《COP15碳中和计划》，明确COP15温室气体排放量的排放边界，针对举办会议产生二氧化碳排放的重点领域，深挖减排潜力，制定绿色办会工作方案，从绿色会场、绿色交通、绿色住宿、绿色宣传及绿色城市建设5个方面优化提出了25项减碳措施，促进二氧化碳减排。同时，通过实施新建林业项目实现会议碳中和。

【关键词】COP15　会议碳中和　碳排放抵消

一、背景情况

大型活动参与人数多、社会影响大，是倡导践行低碳理念比较理想的对象。近年来，碳中和要求受到越来越多的国际大会、体育赛事等的青睐，大型活动进行碳中和已逐步成为趋势。2020 年 10 月，中国政府与《生物多样性公约》秘书处在云南昆明签署东道国协议，其中第三条第 6 款规定，“中国政府将与秘书处合作，尽量减少并酌情抵消会议对环境的影响”。为落实联合国生物多样性大会的相关要求与约定，向世界展示生物多样性保护及经济社会发展历史性成就，提升国际知名度和影响力，云南省强力推动，统筹谋划，积极贯彻落实 COP15 绿色办会理念，践行绿色生产和生活方式，开展有关节能减排工作，打造零碳会议，推动全社会践行低碳理念，脚踏实地落实碳达峰碳中和重大战略，为大型活动碳中和提供示范样本，为应对气候变化作出云南贡献。

二、主要做法

（一）全面测算大会温室气体排放量

为算好 COP15 的“碳账”，确保实现会议碳中和，云南根据联合国和中国政府对《东道国协议（草案）》的履约要求，依据《大型活动碳中和实施指南（试行）》，高质量编制《COP15 碳中和计划》，作为

COP15 会场外景

此次会议碳中和指导文件和行动纲领。《COP15 碳中和计划》明确了 COP15 温室气体排放量核算边界，包括大会筹备阶段、举办阶段；甄别和确定了大会的主要排放源，包括因大会筹备、举办所产生的住宿、餐饮、交通（航空、铁路、汽车）、会场用电以及会议消耗品和废弃物等产生的温室气体排放，并对其进行了先期预判和评估。经详细测算，本次大会预计将产生 23962 吨二氧化碳，重点排放领域集中在住宿、餐饮、交通等方面。

（二）全流程深挖大会碳减排潜力

筹办期间，云南省以“安全健康、开放包容、绿色低碳、智能节俭”作为会议举办指南，聚焦会议主要碳源，全流程梳理碳排放过程，找出有效可行的碳排放控制措施，制定绿色办会工作方案。方案坚持把可持续理念贯穿到会议筹备、举办、收尾全过程，从绿色会场、绿色交通、绿色住宿、绿色宣传等方面优化提出了 25 项减碳措施。绿色会场方面，大会会场部分场馆充分利用自然光、使用节能灯具，笔记本电脑均启用节能模式；会场提供桶装饮用水、玻璃杯或陶瓷杯，并鼓励与会人员自带水杯，尽量减少塑料饮用水瓶和一次性纸杯的使用。绿色交通方面，大会选用356辆新能源车辆作为保障车辆，通过智慧办会App平台发布会议交通时刻表、提供行车路线建议、实时监控运行轨迹，实现智能化调度，并倡导市民骑行共享单车、电动车，或选择乘坐公交、地铁等绿色低碳出行方式。绿色住宿方面，酒店房间不提供一次性洗漱用具，鼓励自带洗漱用具，提倡重复使用梳子、拖鞋等日用品，酒店餐厅使用玻璃杯和陶瓷杯，不使用塑料杯和一次性纸杯，提供本地食材，提倡光盘行动。绿色宣传方面，会议使用电子宣传册并公开下载方式，利用邮件方式向嘉宾提供相关信息，减少纸张浪费；通过会议官网、App、微博等社交媒体定期推送绿色、环保、生态办会的理念、方法和成效。

会后，对各个领域碳排放数据进行收集，确定各个领域二氧化碳实际排放量，完成《COP15碳排放第三方评价报告》。经调研核算，本次大会实际产生19652吨二氧化碳，实现减排4310吨。其中住宿、餐饮、交通实现减排量最多，分别为3324吨、842吨和114吨。一系列绿色低碳措施，不仅为中外嘉宾提供了温馨舒适、绿色低碳、周到细致的会议环境和会务服务，还深入诠释了碳减排的理念和真谛，推动了绿色低碳理念的传播。

（三）全方位保障大会碳排放抵消

云南省积极发挥昆明“春城”的自然地理优势和气候优势，通过新建林业项目，抵消COP15产生的温室气体排放，推动会议实现碳中和。碳汇造林项目规划参照《碳汇造林项目方法学》《碳汇项目造林技术规定（试行）》等 6 项技术标准及规程，规划实施人工造林项目总规模达 36073 亩，造林地块位于昆明市东川区，造林树种为圆柏、华山松、清香木、相思等本地树种。为检测碳汇造林实效，会议根据新建碳汇林实际造林面积、树种、成活率等情况，对项目林地内的林木生长情况进行监测，核算出 2019—2022 年间 COP15 新建碳中和林共产生碳汇量 24427 吨二氧化碳当量，形成《COP15 新建林业项目碳汇量监测报告》，实现了新建碳汇林实际产生碳汇量能够完全抵消大会产生的排放量的目标。

三、经验启示

1. 认识深才能方向明。云南省深入学习贯彻落实习近平生态文明思想和习近平总书记考察云南时的重要讲话精神，认真领悟保护生物多样性对维护地球家园、促进可持续发展的深远意义，把实施 COP15 碳中和放到促进全球积极应对气候变化的高度、放到展示中国脚踏实地落实碳中和目标的高度，以努力成为生态文明建设排头兵的责任担当，贯彻“安全健康、开放包容、绿色低碳、智能节俭”的办会要求，开展 COP15 碳中和行动，认真践行了可持续发展理念。

2. 底数清才能施策准。云南省提前谋划、统筹布局，按照生态环境部《大型活动碳中和实施指南（试行）》相关要求，全面梳理主要排放源，提前算好“碳账”，有的放矢从会场、交通、住宿、宣传等方面提出 25 项碳减排措志，并制定用人造森林碳汇抵消剩余碳排放的碳中和方案，形成《COP15 碳中和计划》，为 COP15 会议碳中和行动提供了准确路径。

3. 透明度高才能影响深。云南在会期、会后着力强化各项碳中和举措实施力度，确保既定的减排措施保质保量执行，减少 COP15 实际产生的碳排放量。会后收集数据确定各领域二氧化碳实际排放量及新建林业项目碳汇量，发布 COP15 碳中和公开声明，公布详细内容，数据高度透明，不仅保护了生态环境、推动了全民环保意识提升，也给未来云南、中国乃至世界大型活动碳中和提供了示范。

【思考题】

1. 如何进一步明确和规范大型活动碳排放的测算边界、方法、流程等？大型活动实现碳中和还有哪些方法和路径？

2. 如何更好发挥大型活动碳中和行动对推动碳达峰碳中和的作用？

后 记

本书由国家发展改革委和中央组织部牵头，工业和信息化部、自然资源部、交通运输部、商务部、国家市场监管总局、国家能源局、国家林草局，各省（区、市）、计划单列市发展改革委，中国循环经济协会、国家电网、南方电网、中国石油、中国石化、中国海油等单位参与编写。国家发展改革委主任郑栅洁、副主任赵辰昕、副秘书长袁达对本书的编写给予了具体指导。参与本书编写的人员有：刘德春、赵鹏高、文华、熊哲、王静波、马维晨、程慧强、赵怡凡、刘翠玲、王晨龙等。参与本书审读和选编的有：朱黎阳、王学军、木其坚、王志轩、田智宇、郭士伊、凤振华、熊华文、朱兵、张晶杰、翁慧、陈程、惠婧璇、白泉、李浩铭、王浩、杨鑫、宋柏函、高润东、王睿、余建希、廖强、廖虹云、程多威、戢时雨。在编写过程中，国家发展改革委资源节约和环境保护司、中央组织部干部教育局负责组织协调工作，党建读物出版社等单位给予了大力支持。在此，谨向所有给予本书帮助支持的单位和同志表示衷心感谢！

作　者

2024 年 4 月

图书在版编目(CIP)数据

碳达峰碳中和案例选 / 国家发展和改革委员会资源节约和环境保护司，全国干部培训教材编审指导委员会办公室组织编写. — 北京 : 党建读物出版社，2024.6

ISBN 978-7-5099-1546-2

Ⅰ. ①碳… Ⅱ. ①国… ②全… Ⅲ. ①二氧化碳—节能减排—案例—研究—中国 Ⅳ. ①X511

中国国家版本馆CIP数据核字（2023）第154031号

碳达峰碳中和案例选

TANDAFENG TANZHONGHE ANLI XUAN

国家发展和改革委员会资源节约和环境保护司
全国干部培训教材编审指导委员会办公室 组织编写

责任编辑： 张晓辉　季利清　朱瑞婷

责任校对： 钱玲娣

封面设计： 刘伟

出版发行： 党建读物出版社

地　　址： 北京市西城区西长安街80号东楼（邮编：100815）

网　　址： http: // www. djcb71. com

电　　话： 010-58589989 / 9947

经　　销： 新华书店

印　　刷： 北京中科印刷有限公司

2024年6月第1版　2024年6月第1次印刷

710 毫米 × 1000 毫米　16开本　21.75印张　245千字

ISBN 978-7-5099-1546-2　定价：49. 00元